技工院校机械类专业通用教材（高级技能层级）

金属切削机床（第二版）

孙喜兵　主编

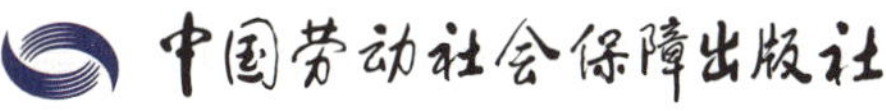

简介

本书主要内容包括金属切削机床基础知识、车床、铣床、磨床、刨床与钻床等。本书由孙喜兵任主编，徐小燕、魏小兵、郭成东参加编写，王华、崔兆华任主审。

图书在版编目（CIP）数据

金属切削机床 / 孙喜兵主编 . -- 2 版 . -- 北京：中国劳动社会保障出版社，2025. --（技工院校机械类专业通用教材）. -- ISBN 978-7-5167-7064-1

Ⅰ. TG502

中国国家版本馆 CIP 数据核字第 2025RG3881 号

金属切削机床（第二版）

JINSHU QIEXIAO JICHUANG

中国劳动社会保障出版社出版发行

（北京市惠新东街 1 号　邮政编码：100029）

*

三河市华骏印务包装有限公司印刷装订　　新华书店经销

787 毫米 ×1092 毫米　16 开本　9 印张　204 千字

2025 年 8 月第 2 版　　2025 年 8 月第 1 次印刷

定价：24.00 元

营销中心电话：400-606-6496

出版社网址：https://www.class.com.cn

https://jg.class.com.cn

前　言

为了更好地适应技工院校机械类专业的教学要求，全面提升教学质量，我们组织有关学校的一线教师和行业、企业专家，在充分调研企业生产和学校教学情况、广泛听取教师对教材使用反馈意见的基础上，对高级技工学校机械类专业通用教材进行了修订。本次修订后出版的教材包括：《机械制图（第四版）》《机械基础（第二版）》《机构与零件（第四版）》《机械制造工艺学（第二版）》《机械制造工艺与装备（第三版）》《金属材料及热处理（第二版）》《极限配合与技术测量（第五版）》《电工学（第二版）》《工程力学（第二版）》《数控加工基础（第二版）》《液压传动与气动技术（第二版）》《液压技术（第四版）》《机床电气控制（第三版）》《金属切削原理与刀具（第五版）》《机床夹具（第五版）》《金属切削机床（第二版）》《高级车工工艺与技能训练（第三版）》《高级钳工工艺与技能训练（第三版）》《高级焊工工艺与技能训练（第三版）》等。

本次教材修订工作的重点主要体现在以下几个方面：

第一，更新教材内容，体现时代发展。

根据机械类专业毕业生所从事岗位的实际需要和教学实际情况的变化，合理确定学生应具备的能力与知识结构，对部分教材内容及其深度、难度做了适当调整；根据相关专业领域的最新发展，在教材中充实新知识、新技术、新设备、新材料等方面的内容，体现教材的先进性；采用最新国家技术标准，使教材更加科学和规范。

第二，提升表现形式，激发学习兴趣。

在教材内容的呈现形式上，较多地利用图片、实物照片和表格等形式将知识点生动地展示出来，尤其是在《机械基础（第二版）》《机床夹具（第五版）》等教材插图的制作中全面采用了立体造型技术，力求让学生更直观地理解和掌握所学内容。针对不同的知识点，设计了许多贴近实际的互动栏目，在激发学生学习兴趣和自主学习积极性的同时，使教材“易教易学，易懂易用”。

第三，开发配套资源，提供教学服务。

本套教材配有习题册和方便教师上课使用的多媒体电子课件，可以通过技工教育网（https://jg.class.com.cn）下载电子课件等教学资源。另外，在部分教材中使用了二维码技术，针对教材中的教学重点和难点制作了动画、视频、微课等多媒体资源，学生使用移动终端扫描二维码即可在线观看相应内容。

本次教材的修订工作得到了河北、辽宁、江苏、山东、河南、湖南、广东等省人力资源社会保障厅及有关学校的大力支持，在此我们表示诚挚的谢意。

目　录

第一章　金属切削机床基础知识

第一节　机床的分类与型号

金属切削机床的品种和规格繁多，为了便于区别、使用及管理，需要对机床进行分类并编制型号。目前，金属切削机床的分类与型号编制已较为规范，而对数控机床，为进一步了解其特性，还可以从不同的角度进行分类说明。

一、机床的分类

机床的分类方法较多，主要有以下几种：

1. 按机床加工对象和工艺范围分类

按机床加工对象和工艺范围不同，机床可分为通用机床、专门化机床和专用机床。

（1）通用机床

通用机床工艺范围很宽，可以加工一定尺寸范围内的各种类型零件，完成多种多样的工序，如卧式车床、万能外圆磨床、卧式镗床等。

（2）专门化机床

专门化机床工艺范围较窄，只能加工一定尺寸范围内的某一类或少数几类零件，完成一种或少数几种特定工序，如凸轮轴车床、精密丝杠车床等。

（3）专用机床

专用机床工艺范围最窄，通常只能完成某一特定零件的特定工序，如导轨磨床、汽车和拖拉机制造业中大量使用的各种组合机床等。

2. 按机床的质量和尺寸分类

按机床的质量和尺寸不同，机床可分为仪表机床、中型机床、大型机床（质量达 10 t）、重型机床（质量达 30 t）、超重型机床（质量在 100 t 以上）。

3. 按机床的加工精度分类

按机床的加工精度不同，机床可分为普通机床、精密机床和高精密机床。

4. 按机床的工作原理分类

根据国家标准《金属切削机床　型号编制方法》（GB/T 15375—2008）的规定，金属切削机床按其工作原理不同划分为 11 类，即车床、钻床、镗床、磨床、齿轮加工机床、螺纹加工机床、铣床、刨插床、拉床、锯床和其他机床。

此外，还可以按自动化程度、万能性程度、主要部件（如主轴等）的数目进行分类。随着机床的发展，机床的分类方法也将不断地完善和发展。

二、通用机床的型号编制

机床的型号是机床产品的代号，用以简明地表示机床的类型、主要技术参数、性能和结构特性等。金属切削机床的型号编制方法在国家标准《金属切削机床　型号编制方法》（GB/T 15375—2008）中进行了规定。机床型号由大写的汉语拼音字母和阿拉伯数字按一定规律排列组成，型号中大写的汉语拼音字母一律遵循其名称读音。现将编制方法中关于金属切削机床型号中字母和数字的含义介绍如下：

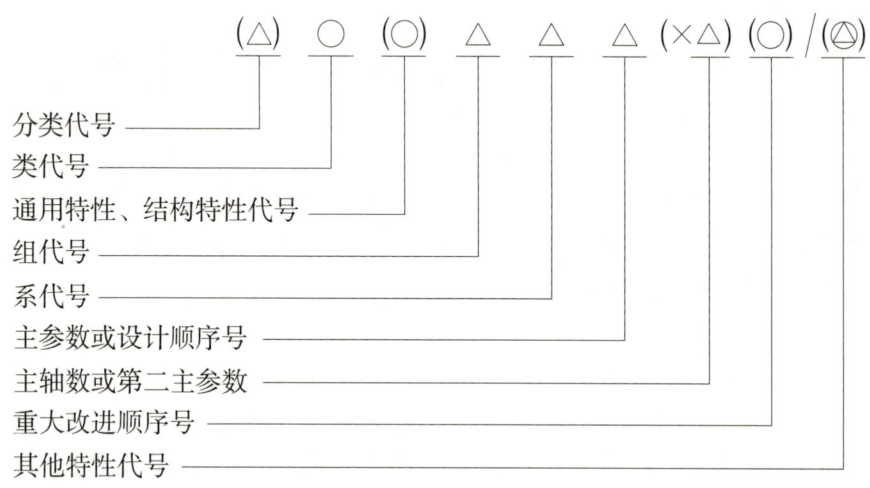

注：1. “△” 表示阿拉伯数字。

2. “○” 表示大写的汉语拼音字母。

3. “( )” 表示可选项，无内容时则不表示，有内容时则不带括号。

4. “◎” 表示大写的汉语拼音字母，或阿拉伯数字，或两者兼有之。

1. 机床的类别及代号

机床的类别及代号见表 1–1。

表 1–1　　机床的类别及代号

类别	车床	钻床	镗床	磨床			齿轮加工机床	螺纹加工机床	铣床	刨插床	拉床	锯床	其他机床
代号	C	Z	T	M	2M	3M	Y	S	X	B	L	G	Q
读音	车	钻	镗	磨	二磨	三磨	牙	丝	铣	刨	拉	割	其

2. 机床的特性代号

（1）通用特性代号

当某类型机床除有普通型外，还有某种通用特性时，则用大写的汉语拼音字母加在类代号后表示。例如，CM6132 型精密卧式车床型号中的“M”表示精密。如果某类型机床无普通型，仅有某种通用特性，则通用特性不用表示。例如，由于 C1312 型单轴六角自动车床没有普通型，因此就不用“Z”表示其具有“自动”的通用特性。机床的通用特性代号见表 1–2。

表 1-2 机床的通用特性代号

通用特性	高精度	精密	自动	半自动	数控	加工中心（自动换刀）	仿形	轻型	加重型	柔性加工单元	数显	高速
代号	G	M	Z	B	K	H	F	Q	C	R	X	S
读音	高	密	自	半	控	换	仿	轻	重	柔	显	速

（2）结构特性代号

主参数相同而结构、性能不同的机床，在型号中用大写的汉语拼音字母代表结构特性代号予以区分。例如，CA6140 型卧式车床型号中的“A”表示该车床在结构上与 C6140 型、CY6140 型卧式车床的结构不同。当有通用特性代号时，结构特性代号应排在通用特性代号之后。为避免混淆，通用特性代号已采用的字母和 I、O 两个字母都不能用作结构特性代号。表示结构特性的字母视机床的情况而定，没有统一的含义，只在同类机床中起区分机床结构、性能的作用。

3. 机床组、系的划分原则及其代号

（1）机床组、系的划分原则

将每类机床划分为十个组，每个组又划分为十个系（系列）。组、系划分的原则如下：

1）在同一类机床中，主要布局或使用范围基本相同的机床，即为同一组。

2）在同一组机床中，其主参数相同、主要结构和布局形式相同的机床，即为同一系。

（2）机床的组、系代号

机床的组代号用一位阿拉伯数字表示，位于类代号或通用特性代号、结构特性代号之后。机床的系代号也用一位阿拉伯数字表示，位于组代号之后。例如，CA6140 型卧式车床型号中的“61”说明它属于车床类 6 组、1 系。

4. 机床主参数的表示方法

机床主参数是表示机床规格大小的参数。型号中的主参数用折算值表示，位于系代号之后。当折算值大于 1 时，则取整数，前面不加“0”；当折算值小于 1 时，则取小数点后第一位数，并在前面加“0”。

常用的各类机床主参数名称及其折算系数具体可参见 GB/T 15375—2008。折算系数多为 1/10 或 1/100 或实际值。例如，X5032 型立式升降台铣床型号中的主参数“32”表示工作台面宽度，采用的折算系数为 1/10，即其工作台面宽度为 320 mm；X8320 型钻头铣床的主参数名称为最大钻头直径，采用的折算系数为 1，即其最大钻头直径为 20 mm。

5. 通用机床的设计顺序号

当某些通用机床无法用一个主参数表示时，则在型号中用设计顺序号表示。设计顺序号由 1 起始，当设计顺序号小于 10 时，由 01 开始编号。

6. 主轴数和第二主参数的表示方法

（1）主轴数的表示方法

对于多轴车床、多轴钻床、排式钻床等机床，其主轴数应以实际数值列入型号，置于主参数之后，用“×”分开，读作“乘”。单轴时可省略，不予表示。

（2）第二主参数的表示方法

第二主参数（多轴机床的主轴数除外）一般不予表示，如有特殊情况，需在型号中表示。在型号中表示的第二主参数，一般以折算成两位数为宜，最多不超过三位数。以长度、深度值等表示的，其折算系数为 1/100；以直径、宽度值表示的，其折算系数为 1/10；以厚度、最大模数值等表示的，其折算系数为 1。当折算值大于 1 时，则取整数；当折算值小于 1 时，则取小数点后第一位数，并在前面加“0”。

7. 机床的重大改进顺序号

当机床的结构、性能有更高的要求，并需按新产品重新设计、试制和鉴定时，才按改进的先后顺序选用 A、B、C 等汉语拼音字母（但 I、O 两个字母不得选用）表示，加在型号基本部分的尾部，以区别原机床型号。

重大改进设计不同于完全的新设计，它是在原有机床的基础上进行改进设计，因此，重大改进后的产品与原型号的产品是一种取代关系。

凡是局部的小改进，或增减某些附件、测量装置及改变装夹工件的方法等，因对原机床的结构、性能没有做重大的改变，故不属于重大改进，其型号不变。

8. 其他特性代号及其表示方法

（1）其他特性代号

其他特性代号置于辅助部分之首。其中同一型号机床的变型代号一般应放在其他特性代号的首位。

（2）其他特性代号的含义

其他特性代号主要用以反映各类机床的特性。例如，对于数控机床，可用来反映不同的控制系统等；对于加工中心，可用来反映控制系统、联动轴数、自动交换主轴头、自动交换工作台等；对于柔性加工单元，可用来反映自动交换主轴箱；对于一机多能机床，可用来补充表示某些功能；对于一般机床，可用来反映同一型号机床的变型等。

（3）其他特性代号的表示方法

其他特性代号可用汉语拼音字母（I、O 两个字母除外）表示，其中 L 表示联动轴数，F 表示复合。当单个字母不够用时，可将两个字母组合起来使用，如 AB、AC、AD 等，或 BA、CA、DA 等。其他特性代号也可用阿拉伯数字表示，还可用阿拉伯数字和汉语拼音字母组合表示。

三、其他类型机床的型号编制

1. 专用机床的型号

（1）专用机床的型号表示方法

专用机床的型号一般由设计单位代号和设计顺序号组成，型号构成如下：

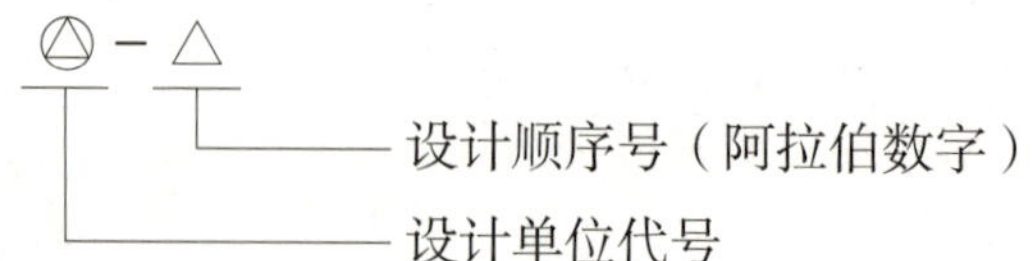

（2）专用机床的设计单位代号

设计单位代号包括机床生产厂和机床研究单位代号（位于型号之首）。

（3）专用机床的设计顺序号

专用机床的设计顺序号按该单位的设计顺序排列，由 001 起始，位于设计单位代号之后，并用“–”隔开。

（4）专用机床的型号示例

示例 1：某单位设计制造的第一种专用机床为专用车床，其型号为 ×××–001。

示例 2：某单位设计制造的第 15 种专用机床为专用磨床，其型号为 ×××–015。

示例 3：某单位设计制造的第 100 种专用机床为专用铣床，其型号为 ×××–100。

2. 机床自动线的型号

（1）机床自动线的型号表示方法

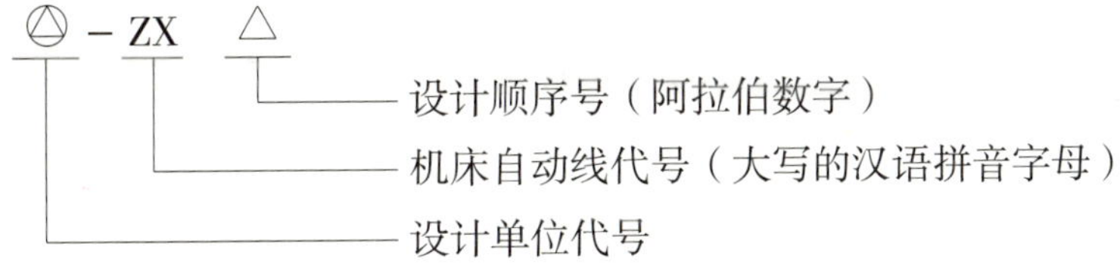

（2）机床自动线代号

由通用机床或专用机床组成的机床自动线代号为“ZX”（读作“自线”），位于设计单位代号之后，并用“–”分开。

（3）机床自动线的型号示例

某单位以通用机床或专用机床为某厂设计的第一条机床自动线，其型号为 ×××–ZX001。

第二节　机床的运动

在机床上，为了获得所需的工件表面形状，必须使刀具和工件按一定的运动关系，形成一定形状的母线和导线。而形成母线和导线除成形法外，都需要刀具和工件做相对运动。这种形成被加工表面的运动称为表面成形运动，简称成形运动，此外，机床还有多种辅助运动。

一、成形运动的种类

成形运动按其组成情况不同可分为简单成形运动和复合成形运动两种。

1. 简单成形运动

如果一个独立的成形运动是由单独的旋转运动或直线运动构成的，则称此成形运动为简单成形运动，简称简单运动，旋转运动和直线运动最简单，也最容易得到。在机床上，简单运动一般以主轴的旋转运动、刀架或工作台的直线运动形式出现。本节用符号 A 表示直线运动，用符号 B 表示旋转运动。

如图 1–1 所示，用尖头车刀车削外圆柱面，形成母线和导线。此时，工件的旋转运动

B_1 产生母线（圆）；刀具的纵向直线运动 A_2 产生导线（直线）。运动 B_1 和 A_2 就是两个简单运动，下角标表示先后次序。又如图 1–2 所示，用砂轮磨削外圆柱面，砂轮的旋转运动 B_1、工件的旋转运动 B_2 以及工件的直线运动 A_3 也都是简单运动。

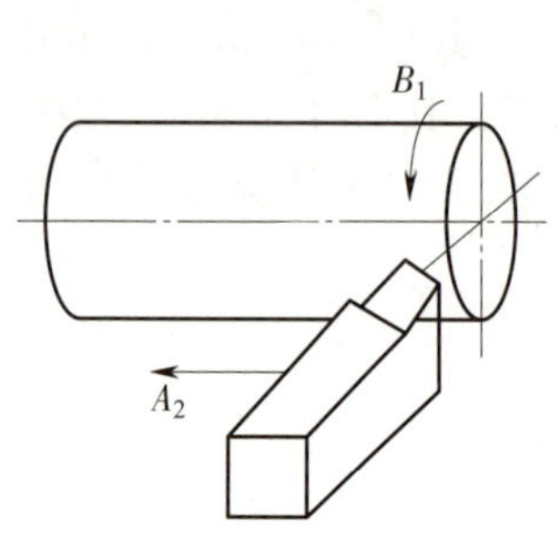

图 1–1　车削外圆柱面时的成形运动

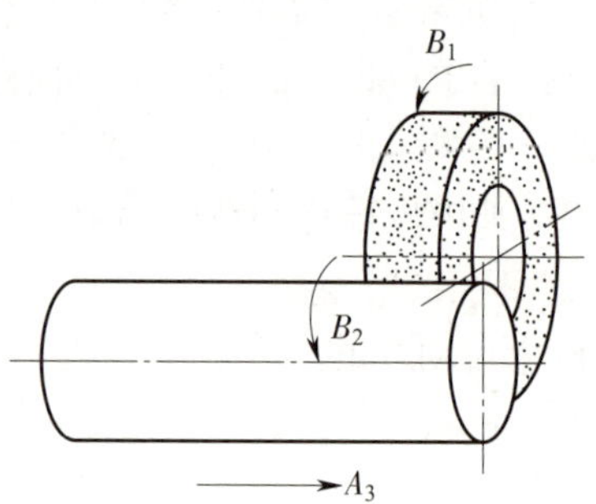

图 1–2　用砂轮磨削外圆柱面时的成形运动

2. 复合成形运动

如果一个独立的成形运动是由两个或两个以上的旋转运动或（和）直线运动，按照某种确定的运动关系组合而成的，则称此成形运动为复合成形运动，简称复合运动。

如图 1–3 所示，用螺纹车刀车削螺纹，螺纹车刀是成形刀具，其形状相当于螺纹沟槽的截面，形成螺旋面只需一个运动，即车刀相对于工件做螺旋运动。为简化机床结构及较容易地保证精度，通常将螺旋运动分解为工件的等速旋转运动 B_{11} 和刀具的等速直线运动 A_{12}，下角标的第一位数表示第一个运动（也只有一个运动），第二位数表示第一个运动中的第一、第二两个部分。运动的两个部分 B_{11} 和 A_{12} 彼此不能独立，它们之间必须保持严格的相对运动关系，即工件每转 1 转，刀具的直线移动量应为螺纹的一个导程，从而 B_{11} 和 A_{12} 这两个单独运动组成一个复合运动。有的复合运动可以分解为三个甚至更多部分。如图 1–4 所示，当用车刀车削圆锥螺纹时，刀具相对于工件的运动轨迹为圆锥螺旋线，其可分解为三部分：工件的旋转运动 B_{11}、刀具的纵向直线移动 A_{12}、刀具的横向直线移动 A_{13}。B_{11} 和 A_{12} 之间保持严格的相对运动关系，用以保证导程；A_{12} 与 A_{13} 之间也保持严格的相对运动关系，用以保证锥度。

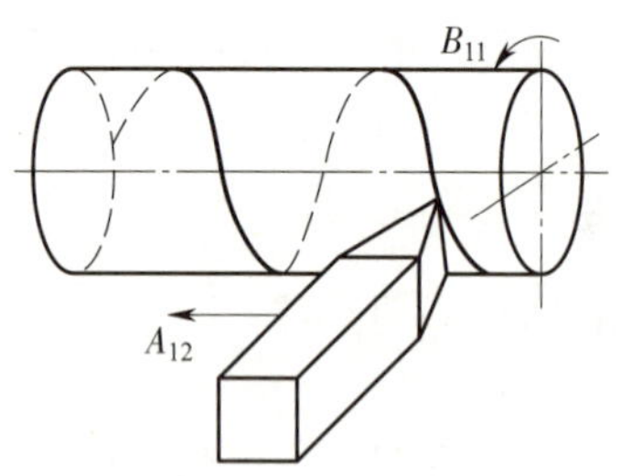

图 1–3　车削螺纹时的成形运动

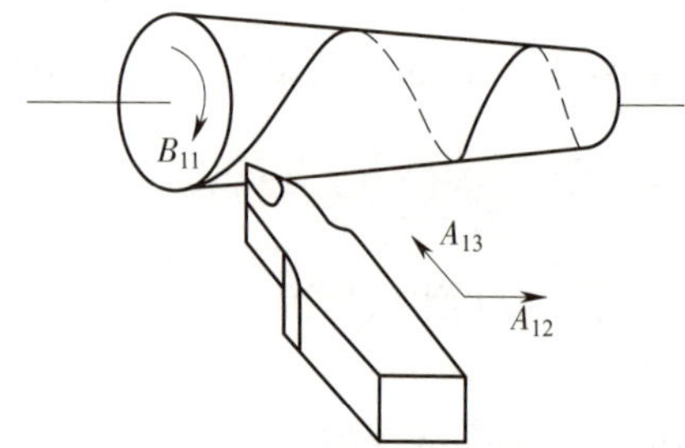

图 1–4　车削圆锥螺纹时的成形运动

有的机件表面形状很复杂，如螺旋桨的表面，加工它需要十分复杂的表面成形运动。这种成形运动可以分解为更多的部分，只能在多轴联动的数控机床上实现，运动的每个部分就是数控机床上的一个坐标轴。

复合运动分解的各部分虽然也都是直线运动或旋转运动，与简单运动相像，但本质是不同的。前者是复合运动的一部分，各部分必须保持严格的相对运动关系，是互相依存的，而不是独立的；后者之间是互相独立的，没有严格的相对运动关系。

二、主运动与进给运动

成形运动按其在切削加工中所起的作用不同又可以分为主运动和进给运动。

1. 主运动

主运动是产生切削的运动，可由工件和刀具来实现。主运动可以是旋转运动，也可以是往复直线运动。例如，车床上主轴带动工件的旋转运动，钻床、镗床、铣床以及磨床上主轴带动刀具或砂轮的旋转运动，龙门刨床上工作台带动工件的往复直线运动等。

主运动可能是简单运动，也可能是复合运动。上面所述的各种机床的主运动都是简单运动。图 1–4 所示的车削圆锥螺纹时的主运动就是复合运动。

2. 进给运动

进给运动是使切削得以持续的运动。进给运动可以是简单运动，也可以是复合运动。进给运动是简单运动的实例包括：在车床上车削圆柱表面时，刀架带动车刀的纵向连续运动；在牛头刨床上加工平面时，刨刀每往复一次，工作台带动工件横向间歇移动一次。

进给运动是复合运动的例子如用成形铣刀铣削螺纹，如图 1–5 所示，铣刀相对于工件的螺旋运动为 B_{21} 和 A_{22} 组成的复合运动，这时的主运动是铣刀的旋转运动 B_1。

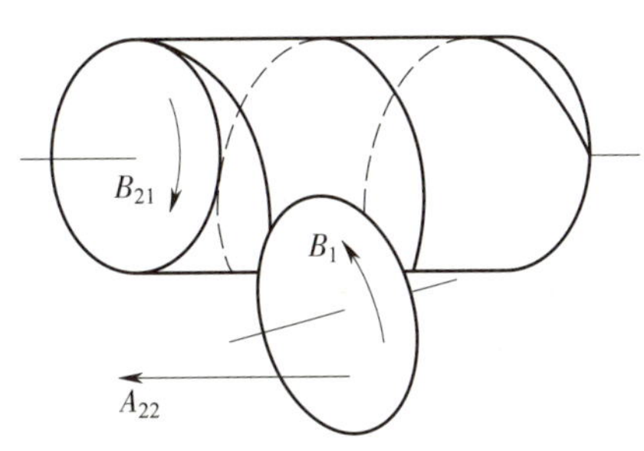

图 1–5　用成形铣刀铣削螺纹时的运动

在表面成形运动中，必须有且只能有一个主运动。如果只有一个表面成形运动，则这个运动就是主运动，如用成形车刀车削圆柱。进给运动则可能是一个，也可能没有或多于一个。无论是主运动还是进给运动，都可能是简单运动或复合运动。

三、辅助运动

机床上除表面成形运动外，还需要辅助运动，以实现机床的各种辅助动作。辅助动作的种类有很多，主要包括以下几种：

1. 各种空行程运动

空行程运动是指进给前后刀具的快速运动。例如，在装卸工件时，为避免碰伤操作者或划伤已加工表面，刀具与工件应相对退离。在进给开始前快速引进刀具，使其与工件接近。进给结束后应快速退刀。例如，车床的刀架或铣床的工作台在进给前后都有快进或快退运动。

2. 切入运动

刀具相对工件切入一定深度，以保证被加工表面获得一定的加工尺寸。

3. 分度运动

当加工若干完全相同、均匀分布的表面时，为使表面成形运动得以周期地继续进行的运动称为分度运动。例如，车削多线螺纹时，在车削完一条螺旋槽后，工件相对于刀具要回转

1/K 转（K 为螺纹线数），才能车削另一条螺旋槽，这个工件相对于刀具的旋转运动就是分度运动。又如，多工位机床的多工位工作台或多工位刀架的周期性转位或移位也是分度运动。

4. 操纵和控制运动

操纵和控制运动包括启动，停止，变速，部件与工件的夹紧、松开、转位以及自动换刀、自动测量和自动补偿等。

5. 调位运动

加工开始前，把机床的有关部件移到要求的位置，以正确调整刀具与工件之间的相对位置。例如，用摇臂钻床钻孔时，为使钻头对准被加工孔的中心，可转动摇臂并使主轴箱在摇臂上移动。又如，为适应龙门式机床上工件的不同高度，可使横梁升降。

第三节 机床的传动系统

一、机床的基本组成部分

为了实现加工过程中所需的各种运动，机床必须具备执行件、运动源、传动件三个基本部分。

执行件是执行机床运动的部件，如主轴、刀架、工作台等，用来装夹刀具或工件，直接带动它们完成一定形式的运动，并保证其运动轨迹的准确性。

运动源是为执行件提供运动和动力的装置，如交流异步电动机、直流或交流调速电动机和伺服电动机等。

传动件是传递运动和动力的装置，它把执行件和运动源或有关的执行件联系起来，使执行件获得一定速度和方向的运动，并使有关执行件之间保持某种确定的相对运动关系。

二、机床传动链的一般概念

机床在完成某种加工内容时，为获得所需要的运动，需要由一系列的传动件使运动源和执行件，或执行件和执行件之间保持一定的传动联系。构成一个传动联系的一系列顺序排列的传动件称为传动链。根据传动联系的性质不同，传动链分为外联系传动链和内联系传动链两类。

1. 传动链

（1）外联系传动链

外联系传动链是联系运动源和执行件的传动链，其任务只是把运动和动力传递到执行件上去，它的传动比大小只影响加工速度或工件表面粗糙度，而不影响工件表面形状的形成，所以，不要求运动源和执行件之间有严格的传动比关系。例如，车削螺纹时，从电动机到机床主轴的传动链就是外联系传动链，它只影响车削螺纹速度的快慢，而对螺纹表面的形成无影响。

（2）内联系传动链

内联系传动链用来连接有严格运动关系的两执行件，以保证运动轨迹准确，从而获得准确的加工表面形状和较高的加工精度。例如，车床的车螺纹传动链两端件为主轴和刀架，在加工中要求严格保证主轴每转一周，刀架纵向移动一个导程，以得到准确的螺纹表面形状和导程。

通常，机床有几种运动，就相应有几条传动链，例如，卧式车床需要有主运动、纵向机动进给运动、横向机动进给运动和车螺纹运动，相应就有主运动传动链、纵向进给运动传动链、横向进给运动传动链和车螺纹运动传动链等。

2. 传动链中的传动机构

在机床传动中，为了使执行件获得所需的运动，或使有关的执行件之间保持某种确定的运动关系，传动链中通常有定比机构、换置机构两类传动机构。

（1）定比机构

所谓定比机构，就是这类传动机构的传动比固定不变，如带传动、定比齿轮传动、蜗轮蜗杆传动、螺旋传动等。

（2）换置机构

换置机构可以根据需要变换传动机构的传动比，如配换齿轮、滑移齿轮变速机构等。换置机构又称变速机构。

3. 传动链的传动比及其运动平衡式

由齿轮等传递旋转运动的传动件组成的传动链，其两个端件转速的比值称为传动链的传动比，用 $i_{总}$ 表示。传动链的传动比等于传动链中各组成传动副传动比的连乘积。在图 1–6 所示的多刀半自动车床主运动传动链中，电动机和主轴Ⅲ是传动链的两个端件。

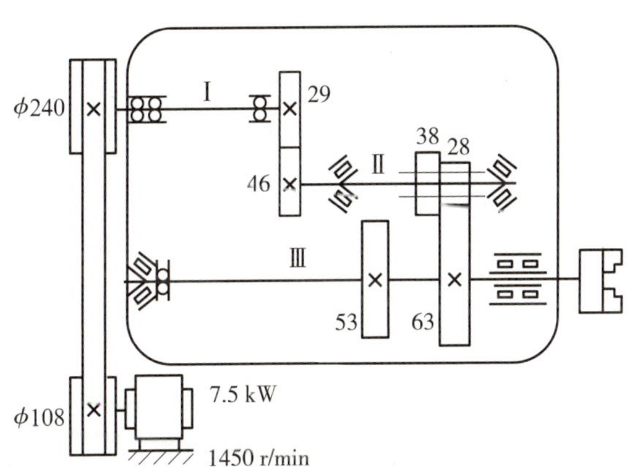

图 1–6　多刀半自动车床主运动传动链

传动链的传动比为：

$$i_{总}=\frac{n_{主}}{n_{电}}=i_{带}\times i_{Ⅰ-Ⅱ}\times i_{Ⅱ-Ⅲ} \tag{1–1}$$

式中　$n_{主}$——主轴转速，r/min；

$n_{电}$——电动机转速，$n_{电}$=1 450 r/min；

$i_{带}$——带传动的传动比；

$i_{Ⅰ-Ⅱ}$—— 轴Ⅰ–Ⅱ间固定传动比；

$i_{Ⅱ-Ⅲ}$——轴Ⅱ–Ⅲ间固定传动比。

由此可列出主轴（轴Ⅲ）的转速计算方程式，即运动平衡式：

$$n_{主}=n_{电}\times\frac{108}{240}\times(1-\varepsilon)\times i_{Ⅰ-Ⅱ}\times i_{Ⅱ-Ⅲ} \tag{1-2}$$

式中　ε——带传动的滑动系数，近似取 ε=0.02，即 1–ε=0.98。

主运动传动链应用上述运动平衡式，可以算出主轴的各级转速值：

$$n_1=1\,450\ \text{r/min}\times\frac{108}{240}\times0.98\times\frac{29}{46}\times\frac{28}{63}\approx179\ \text{r/min}$$

$$n_2=1\,450\ \text{r/min}\times\frac{108}{240}\times0.98\times\frac{29}{46}\times\frac{38}{53}\approx289\ \text{r/min}$$

由上式可以看出，在齿轮组成的传动链中，计算从动轴转速的一般公式可写成：

$$n_{从动}=n_{主动}\times\frac{所有主动齿轮齿数连乘积}{所有从动齿轮齿数连乘积} \tag{1-3}$$

三、机床传动原理图

为了便于研究机床的传动联系，常用一些简明的符号把传动原理和传动路线表示出来，这就是传动原理图。图 1–7 所示为传动原理图中常用的示意符号，其中，表示执行件的符号还没有统一的规定，一般采用较直观的图形表示。为了把运动分析的理论推广到数控机床，图 1–7 中展示了绘制数控机床传动原理图时所要用到的一些示意符号，如电的联系、脉冲发生器等。

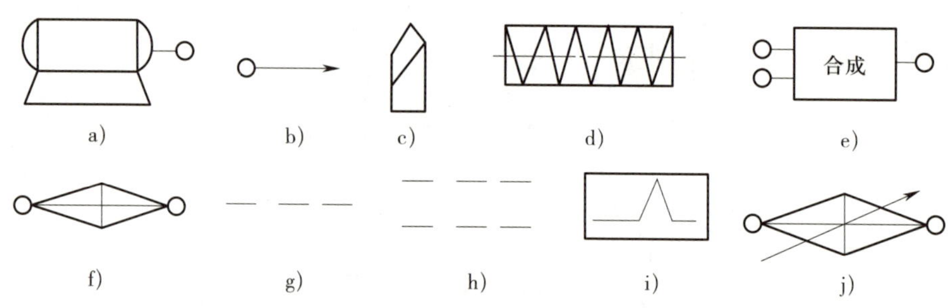

图 1–7　传动原理图中常用的示意符号

a）电动机　b）主轴　c）车刀　d）滚刀　e）合成机构　f）传动比可变换的换置机构
g）传动比不变的机械联系　h）电的联系　i）脉冲发生器　j）快调换置机构（数控系统）

1. 铣削平面时的传动原理图

在铣床上用圆柱铣刀铣削平面时，需要铣刀旋转运动和工件直线移动两个独立的简单运动，实现这两个成形运动应有两个外联系传动链，其传动原理图如图 1–8 所示。通过外联系传动链“1–2–u_v–3–4”将动力源（电动机）与主轴联系起来，可使铣刀获得具有一定转速和转向的旋转运动 B_1。通过另一条外联系传动链“5–6–u_f–7–8”将动力源与工作台联系起来，可使工件获得具有一定进给速度和方向的直线运动 A_2。u_v 和 u_f 是传动链的换置机构，通过 u_v 可以改变铣刀的转速和转向，通过 u_f 可以改变工件的进给速度和方向，以适应不同加工条件的需要。

2. 车削螺纹时的传动原理图

在卧式车床上用螺纹车刀车削螺旋表面时需要一个运动，即刀具与工件间相对的螺旋运动，其传动原理图如图 1–9 所示。该螺旋运动是复合运动，它可分解为两部分，包括工件的旋转运动 B_{11} 和车刀的纵向直线运动 A_{12}，因此，此车床应有两条传动链。

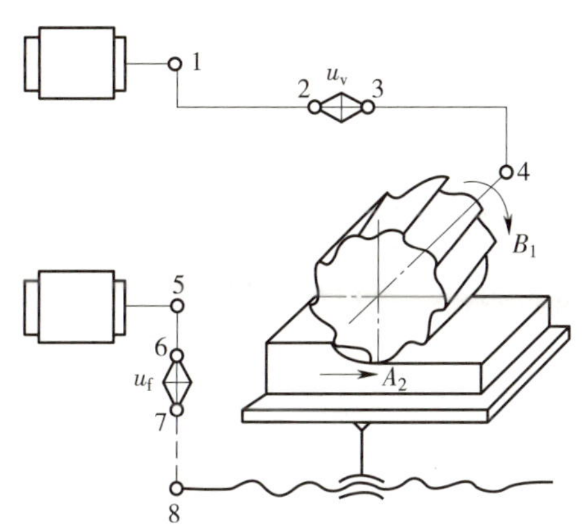

图 1–8 在铣床上用圆柱铣刀铣削平面时的传动原理图

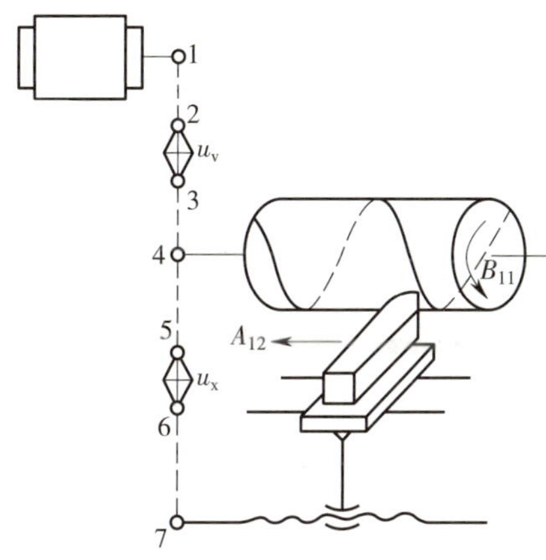

图 1–9 在车床上用螺纹车刀车削螺纹时的传动原理图

（1）联系复合运动两部分 B_{11} 和 A_{12} 的内联系传动链

内联系传动链“主轴 –4–5–u_x–6–7– 丝杠”中 u_x 表示螺旋传动链的换置机构，如交换齿轮架上的交换齿轮、进给箱中的滑移齿轮变速机构等，可通过调整 u_x 改变被加工螺纹的导程。

（2）联系动力源与该复合运动的外联系传动链

外联系传动链可由动力源联系复合运动中的任一环节。考虑到大部分动力应输送给主轴，故外联系传动链“电动机 –1–2–u_v–3–4– 主轴”联系动力源与主轴。u_v 表示主传动链的换置机构，如进给箱中的滑移齿轮变速机构、离合器变速机构等，可通过调整 u_v 调整主轴的转速，以适应某一切削速度的需要。

3. 车削成形曲面时的传动原理图

数控车床的传动原理基本与卧式车床相同，不同的是数控车床多采用电气控制。如图 1–10 所示，主轴通过机械传动 1–2（通常是一对齿数相同的齿轮）与脉冲发生器 P 相联系。主轴每转 1 转，脉冲发生器 P 发出 N 个脉冲，经 3–4（通常为电线）传至数控系统的 Z 轴（纵向）控制装置 u_{c1}，u_{c1} 可理解为一个快速调整的换置机构。经伺服系统 5–6 后，控制伺服电动机 M_1，M_1 经机械传动系统 7–8 与滚珠丝杠相连（也可以将伺服电动机直接与滚珠丝杠相连），使刀架做直线运动 A_1。

如图 1–10 所示，用数控车床车削成形曲面时，主轴每转 1 转，脉冲发生器 P 发出脉冲，同时控制刀架纵向直线运动 A_1 和刀具横向运动 A_2。这时，形成一条内联系传动链“A_1–纵向丝杠 –8–7–M_1–6–5–u_{c1}–4–3–P–9–10–u_{c2}–11–12–M_2–13–14– 横向丝杠 –A_2”，u_{c1}、u_{c2} 同时不断变化，保证刀尖沿着要求的轨迹运动，以便得到所需的工件表面形状，并使刀架纵向直线运动 A_1 和刀具横向运动 A_2 的合成速度大小保持恒定。

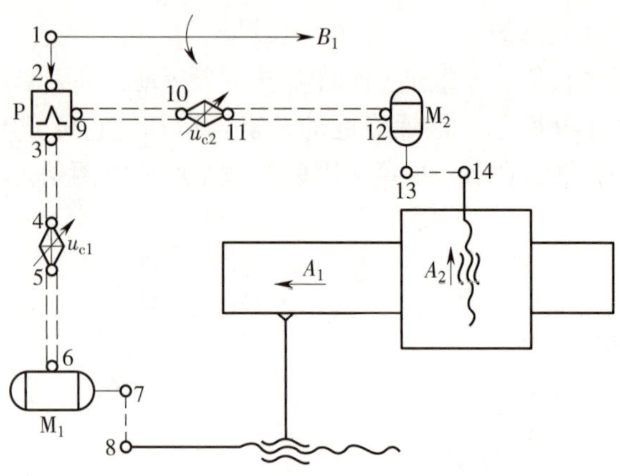

图 1–10 用数控车床车削成形曲面时的传动原理图

车削圆柱面或端面时，主轴的旋转运动 B_1、刀架的纵向直线运动 A_1 和刀具的横向运动 A_2 是三个独立的简单运动，u_{c1}、u_{c2} 用以调整主轴的转速和刀具的进给量。

四、机床传动系统图

1. 机床传动系统图的用途

用来表示机床各条传动链和它们相互关系的综合简图称为机床传动系统图，卧式车床传动系统图如图 1–11 所示。各种传动元件用简单的规定符号表示并按照运动传递顺序依次排列，以

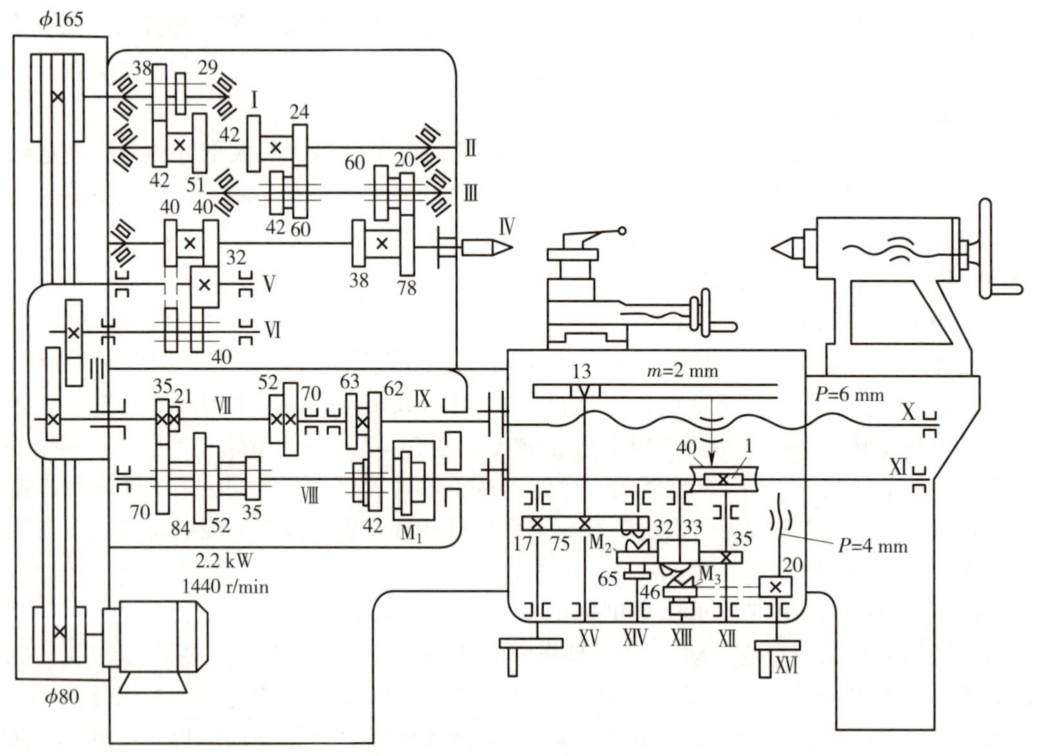

图 1–11 卧式车床传动系统图

展开图的形式画在机床的外形轮廓内。机床传动系统图简明地表示出机床的传动结构和运动的传递过程，它是分析机床内部传动规律，了解机床工作原理，进行机床调整及计算的重要工具。

2. 机床传动元件的规定符号

为了便于研究机床传动元件，常用一些简图符号表示它们，见表 1–3。

表 1–3　　传动元件简图符号（节录自 GB/T 4460—2013）

序号	名称		基本符号	可用符号
1	齿轮传动	圆柱齿轮		
2	齿轮传动	锥齿轮		
3	齿轮传动	蜗轮与圆柱蜗杆		
4	齿条传动			
5	带传动		或	—

续表

序号	名称	基本符号	可用符号
5	带传动	V带 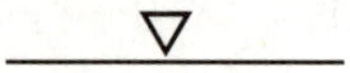 同步齿形带  平带  例：V带传动 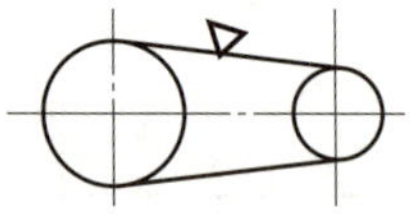	
6	链传动	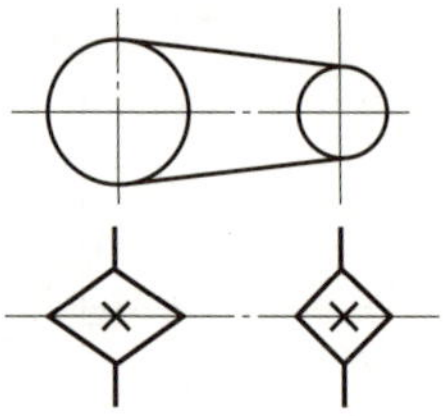 环形链  滚子链  无声链  例：无声链传动 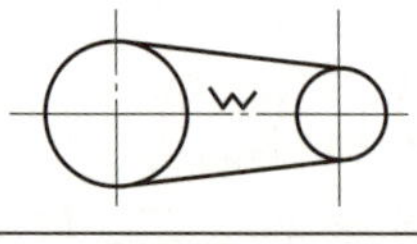	—
7	螺杆传动 整体螺母	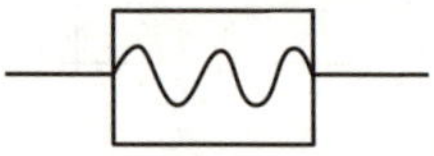	
8	螺杆传动 开合螺母	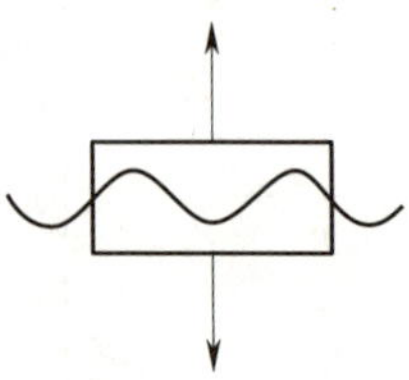	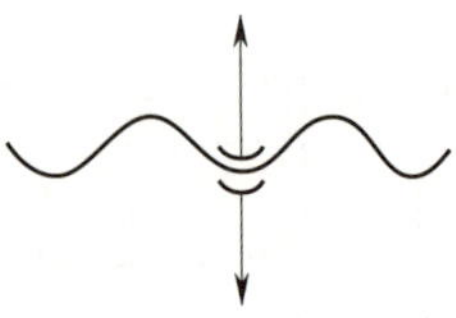
9	螺杆传动 滚珠螺母	—	

续表

序号	名称			基本符号	可用符号
10	凸轮机构	盘形凸轮			—
11		圆柱凸轮			
12	外啮合槽轮机构				
13	轴承	向心轴承	滑动轴承		
14			滚动轴承		
15		推力轴承	单向		—
16			双向		—
17			滚动轴承		

续表

序号	名称			基本符号	可用符号
18	轴承	向心推力轴承	单向	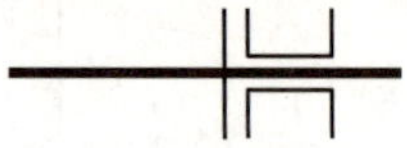	—
19			双向		—
20			滚动轴承	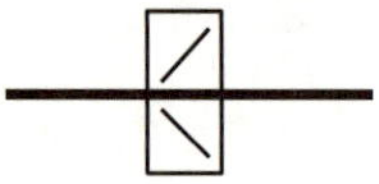	
21	联轴器	一般符号			—
22		固定联轴器		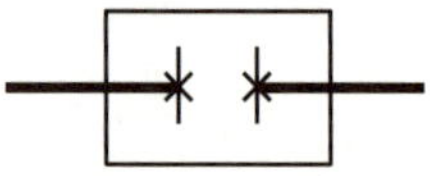	—
23		弹性联轴器		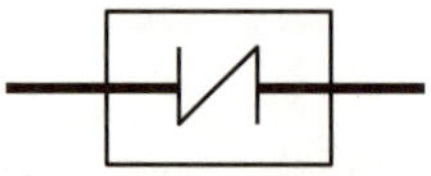	—
24	离合器	啮合式	单向式	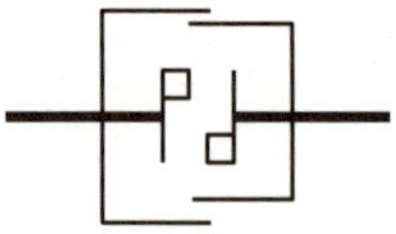	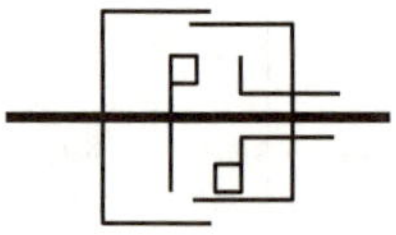
25			双向式	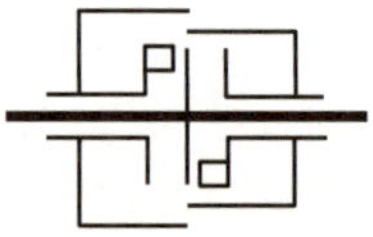	—
26		摩擦式	单向式	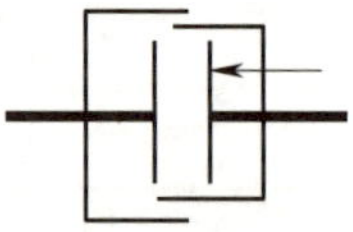	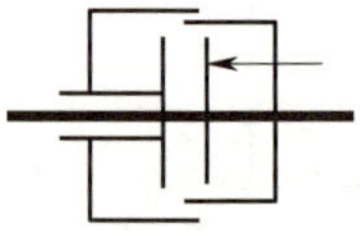
27			双向式	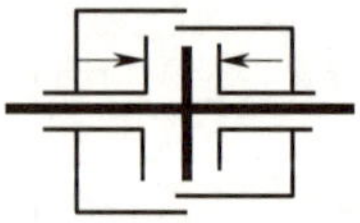	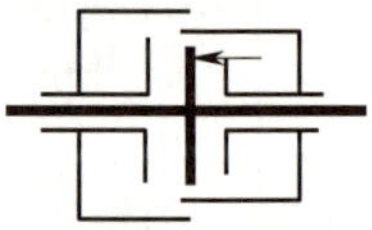
28		超越离合器		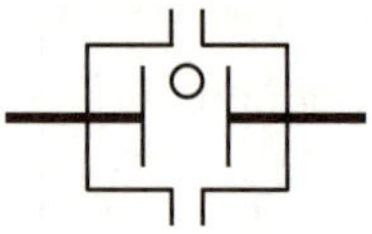	—

续表

<table>
<tr><th>序号</th><th colspan="3">名称</th><th>基本符号</th><th>可用符号</th></tr>
<tr><td rowspan="2">29</td><td rowspan="3">离合器</td><td rowspan="2">安全离合器</td><td>带有易损元件</td><td></td><td rowspan="2">—</td></tr>
<tr><td>无易损元件</td><td></td></tr>
<tr><td>30</td><td colspan="2">电磁离合器</td><td></td><td>—</td></tr>
<tr><td>31</td><td colspan="3">制动器</td><td></td><td>—</td></tr>
</table>

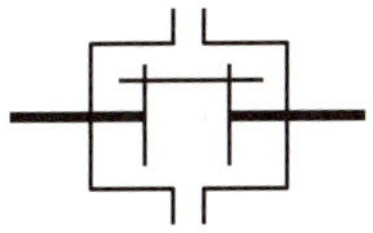

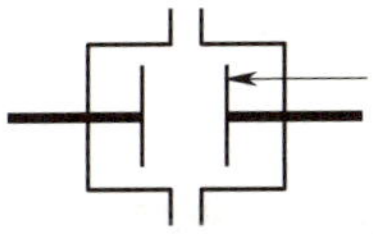

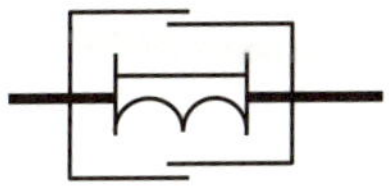

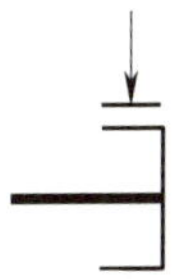

第二章 车 床

第一节 卧式车床的工艺范围及其组成

一、车床的工艺范围

在金属切削加工中，由于大多数机械零件都具有回转表面，因此，主要用于加工回转表面的车床应用范围极为广泛。通常情况下，在机械制造企业中，车床占机床总数的30%～50%。随着科技的进步，车削技术已经发展到数控车削，数控车床的数量已占数控机床总数的25%～35%。车削在机械制造业中具有举足轻重的地位。

生产中应用最多的是卧式车床，其典型型号是CA6140。它适用于加工各种轴类、套筒类和盘盖类零件上的各种回转表面，包括车外圆、车端面、切断和车槽、钻中心孔、钻孔、车孔、铰孔、车圆锥、车特形面、车螺纹、滚花、攻螺纹等，如图2–1所示。如果在车床上装上一些附件和夹具，还可进行镗削、磨削、研磨和抛光等。

二、车床的运动

1. 车床的主运动

车床的主运动就是工件的旋转运动，它是实现切削最基本的运动，特点是速度较高，消耗的动力较多。它常用主轴转速n（r/min）表示，其功用是使刀具与工件间做相对运动。

2. 车床的进给运动

车床的进给运动就是刀具的移动，其特点是速度较低，消耗的动力较少。它常用进给量f（mm/r）表示，即主轴每转1转刀架移动的距离，其功用是使毛坯上新的金属层被不断地切削，以便切削出整个加工表面。

3. 车床的切入运动

车床的切入运动通常与进给运动方向垂直，一般由操作者用手移动刀架来完成，其功用是调整车刀刀尖至加工毛坯的所需尺寸位置。

4. 车床的辅助运动

除工作运动以外，刀具与工件还要具有刀架纵向和横向快速移动等功能，以便实现快速趋近或返回。

三、卧式车床的组成

CA6140型卧式车床是最常用的国产卧式车床，其外形结构如图2–2所示。它的主要组成部分的名称和用途见表2–1。

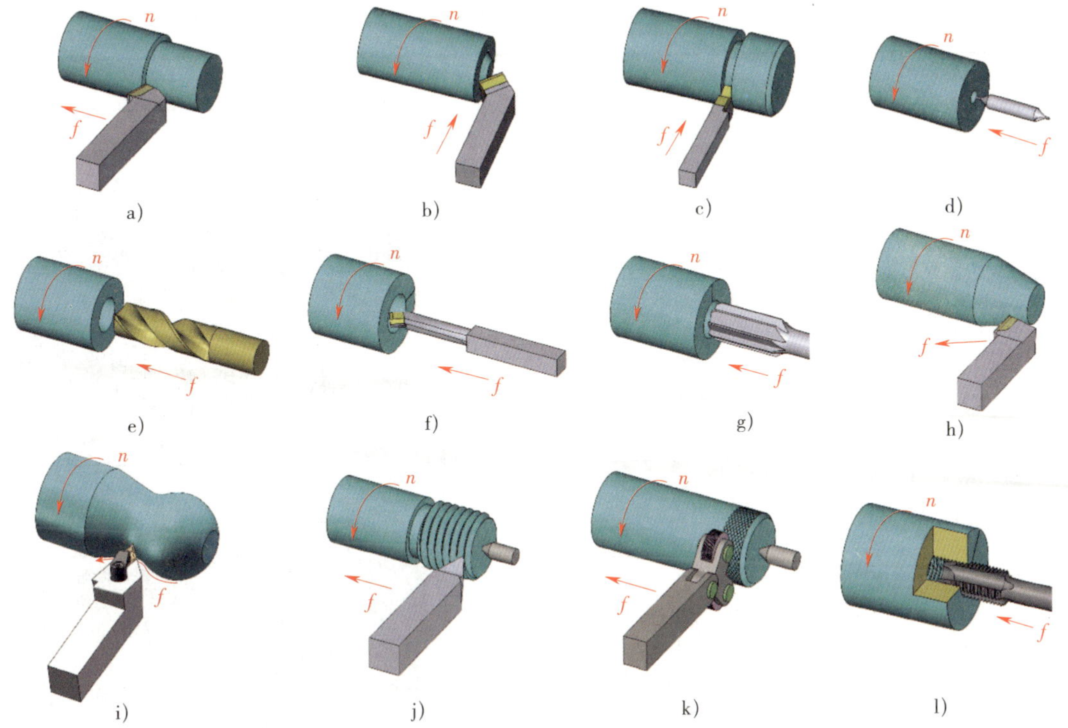

图 2-1 卧式车床车削的基本内容

a）车外圆 b）车端面 c）切断和车槽 d）钻中心孔 e）钻孔 f）车孔 g）铰孔 h）车圆锥 i）车特形面 j）车螺纹 k）滚花 l）攻螺纹

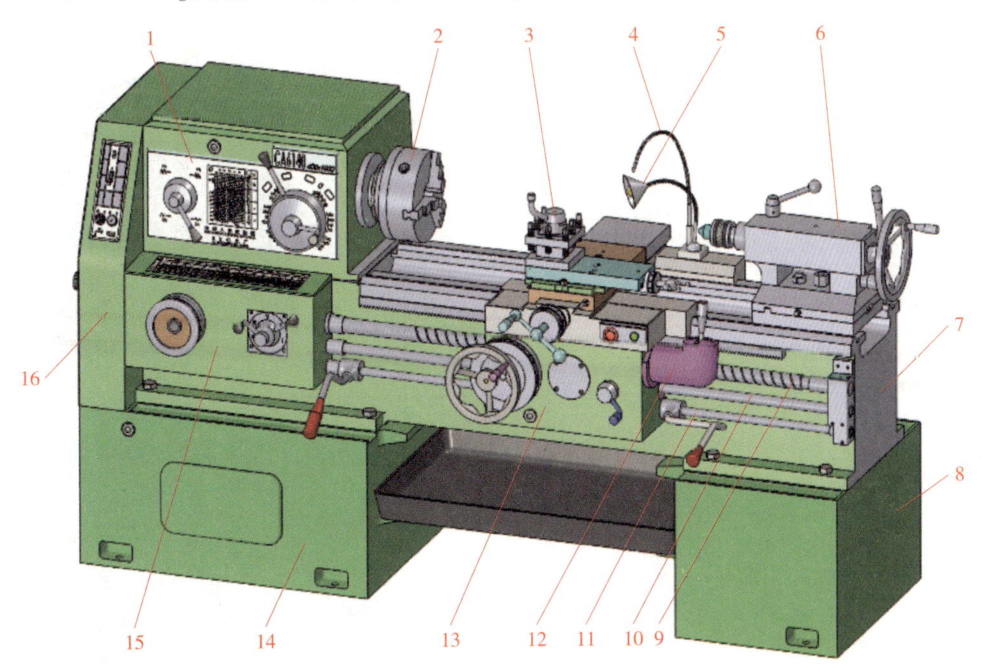

图 2-2 CA6140 型卧式车床外形结构

1—主轴箱 2—卡盘 3—刀架部分 4—切削液喷管 5—照明灯 6—尾座 7—床身 8、14—床脚 9—丝杠 10—光杠 11—操纵杆 12—快移机构 13—溜板箱 15—进给箱 16—交换齿轮箱

表 2-1　卧式车床主要组成部分的名称和用途

名称	用途	图示
主轴箱	主轴箱支承主轴并带动工件旋转做主运动。箱内装有齿轮、轴等，组成变速传动机构，变换主轴箱外手柄的位置，可使主轴得到多级转速。主轴通过卡盘等夹具装夹工件，并带动工件旋转，以实现车削运动	
进给箱	进给箱是进给传动系统的变速机构。它把交换齿轮箱传递过来的运动，经过变速后传递给丝杠，以实现各种螺纹的车削；传递给光杠，以实现机动进给	
交换齿轮箱	交换齿轮箱可以把主轴的转动传递给进给箱。更换箱内齿轮，配合进给箱内的变速机构，可以得到车削各种螺距螺纹（或蜗杆）的进给运动，并满足车削时对不同纵向、横向进给量的需求	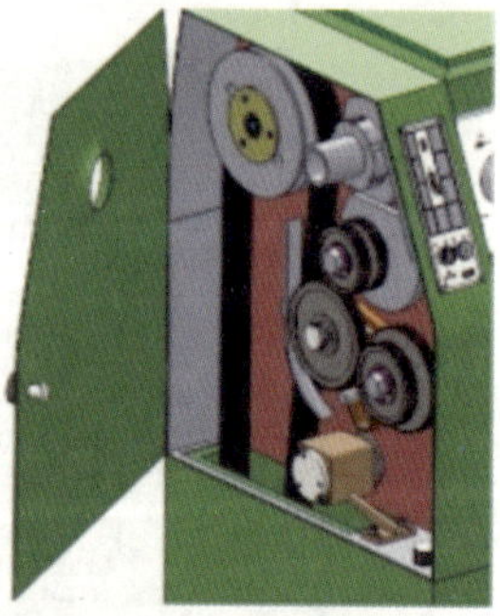
溜板箱	溜板箱接收光杠或丝杠传递的运动，以驱动床鞍和中滑板、小滑板、刀架实现车刀的纵向、横向进给运动。溜板箱上还装有一些手柄和按钮，可以方便地操纵车床来选择机动、手动、车螺纹和快速移动等运动方式	

续表

名称	用途	图示
床身	床身是车床上精度要求很高、带有导轨（山形导轨和平导轨）的一个大型基础部件，用于支承和连接车床的各部件，并保证各部件在工作时具有准确的相对位置	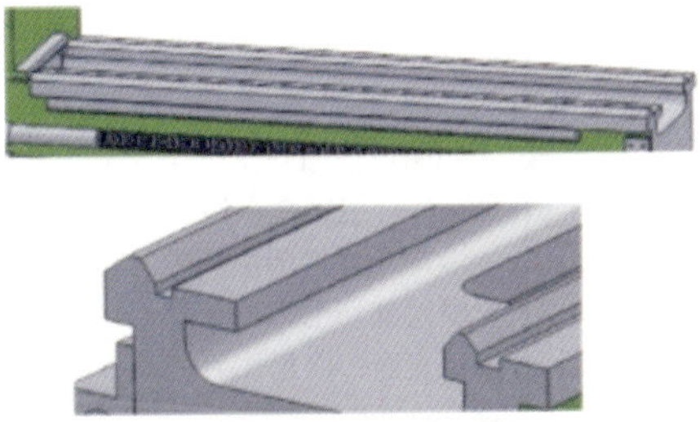
刀架部分	刀架部分由床鞍、两层滑板（中滑板、小滑板）和刀架体共同组成，用于安装车刀并带动车刀做纵向、横向或斜向运动	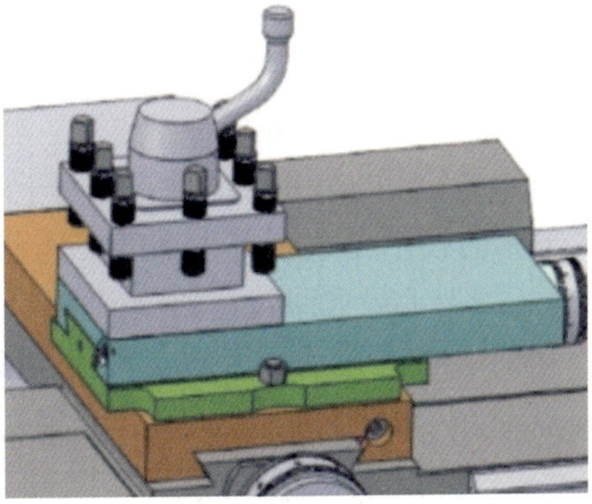
尾座	尾座安装在床身导轨上，并可沿此导轨纵向移动，以调整其工作位置。尾座主要用来安装后顶尖，以支承较长的工件，也可安装钻头、铰刀等切削刀具进行孔加工	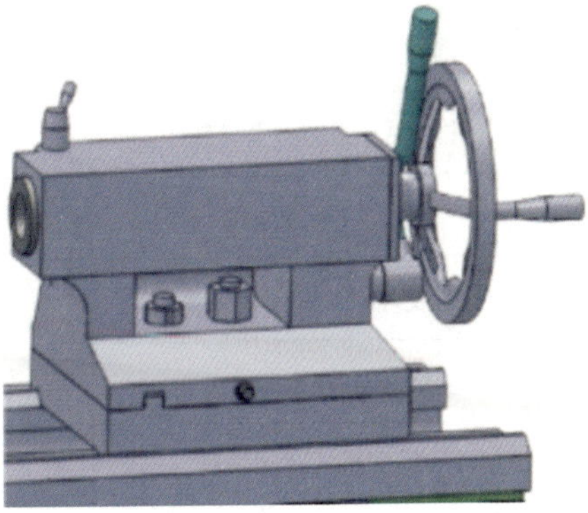
床脚	前后两个床脚分别与床身前后两端下部连为一体，用以支承床身和安装在床身上的各部件。同时，通过地脚螺栓和调整垫块使整台车床固定在工作场地上，并使床身调整到水平状态	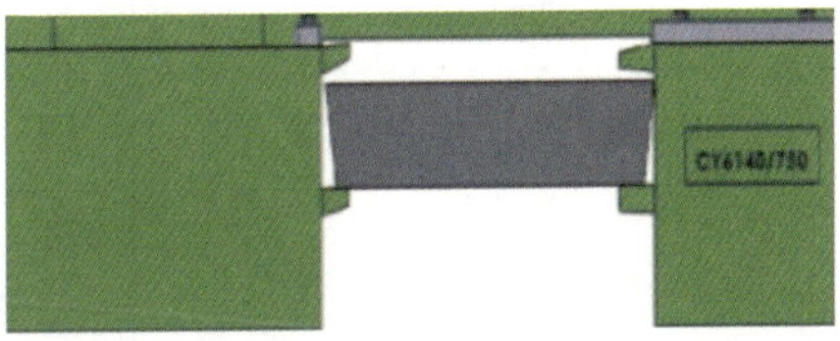

续表

名称	用途	图示
照明灯、冷却装置	照明灯使用安全电压为操作者提供充足的光线，保证操作环境明亮，便于观察及测量 冷却泵将切削液箱中的切削液加压后通过切削液喷管喷射到切削区域，降低切削温度，冲走切屑，润滑加工表面，以延长刀具寿命，提高工件的表面质量	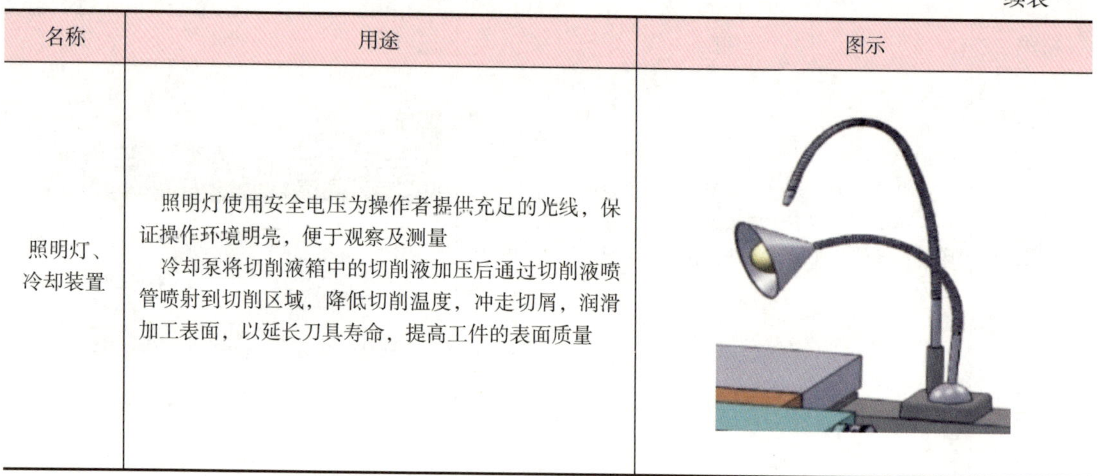

四、卧式车床的技术参数

卧式车床的第一主参数是床身上最大回转直径，第二主参数是最大加工长度。此外，卧式车床的技术参数还有主轴的转速范围、主轴的孔径、中心高（主轴中心至床身平导轨距离）、刀架上最大回转直径、车螺纹和蜗杆的范围、进给量范围、主电动机功率等。

CA6140 型卧式车床的主要技术参数见表 2–2。

表 2–2　CA6140 型卧式车床的主要技术参数

主要技术参数	种类	规格
床身上最大回转直径	—	ϕ400 mm
刀架上最大回转直径	—	ϕ210 mm
中心高（主轴中心至床身平导轨距离）	—	205 mm
最大工件长度	4 种	750 mm、1 000 mm、1 500 mm、2 000 mm
最大车削长度	4 种	650 mm、900 mm、1 400 mm、1 900 mm
小滑板最大车削长度	1 种	140 mm
尾座套筒的最大移动长度	1 种	150 mm
尾座套筒锥度	1 种	莫氏 5 号
主轴前端锥度	1 种	莫氏 6 号
主轴内孔直径（最大棒料直径）	1 种	ϕ52 mm
主轴转速	正转（24 级）	10 ~ 1 400 r/min
	反转（12 级）	14 ~ 1 580 r/min

续表

主要技术参数	种类	规格
车削螺纹的范围	米制螺纹标准螺距（44 种）	1 ~ 192 mm
	英制螺纹牙数（20 种）	2 ~ 24 牙 /in
车削蜗杆的范围	米制蜗杆标准螺距（39 种）	0.25 ~ 48 mm
	英制蜗杆牙数（37 种）	1 ~ 96 牙 /in
机动进给量	纵向进给量（64 种）	0.028 ~ 6.33 mm/r
	横向进给量（64 种）	0.014 ~ 3.16 mm/r
快速移动速度	纵向快移速度	4 m/min
	横向快移速度	2 m/min
主电动机参数	主电动机功率	7.5 kW
	主电动机转速	1 450 r/min
冷却泵流量	—	25 L/min
刀柄截面尺寸	—	25 mm × 25 mm
长丝杠螺距	—	12 mm
车床主机净质量	对应最大工件长度	1.99 t、2.07 t、2.22 t、2.57 t

第二节 CA6140 型卧式车床的传动系统

车床的主运动是以电动机为动力，通过一系列传动零件的传动联系，使主轴获得不同的转速；进给运动则是由主轴开始，通过各种传动联系，使刀架产生纵横向运动。

从电动机到主轴或主轴到刀架的这种传动联系称为传动链。由电动机到主轴的传动链，即实现主运动的传动链称为主运动传动链；由主轴到刀架的传动链，即实现进给运动的传动链称为进给运动传动链。图 2–3 所示为 CA6140 型卧式车床传动系统图。

一、主运动传动链

1. 运动分析

主运动是将电动机的运动传给主轴，该传动链使主轴获得 24 级正转转速和 12 级反转转速。同时，完成主轴的启动、停止、换向和调速。

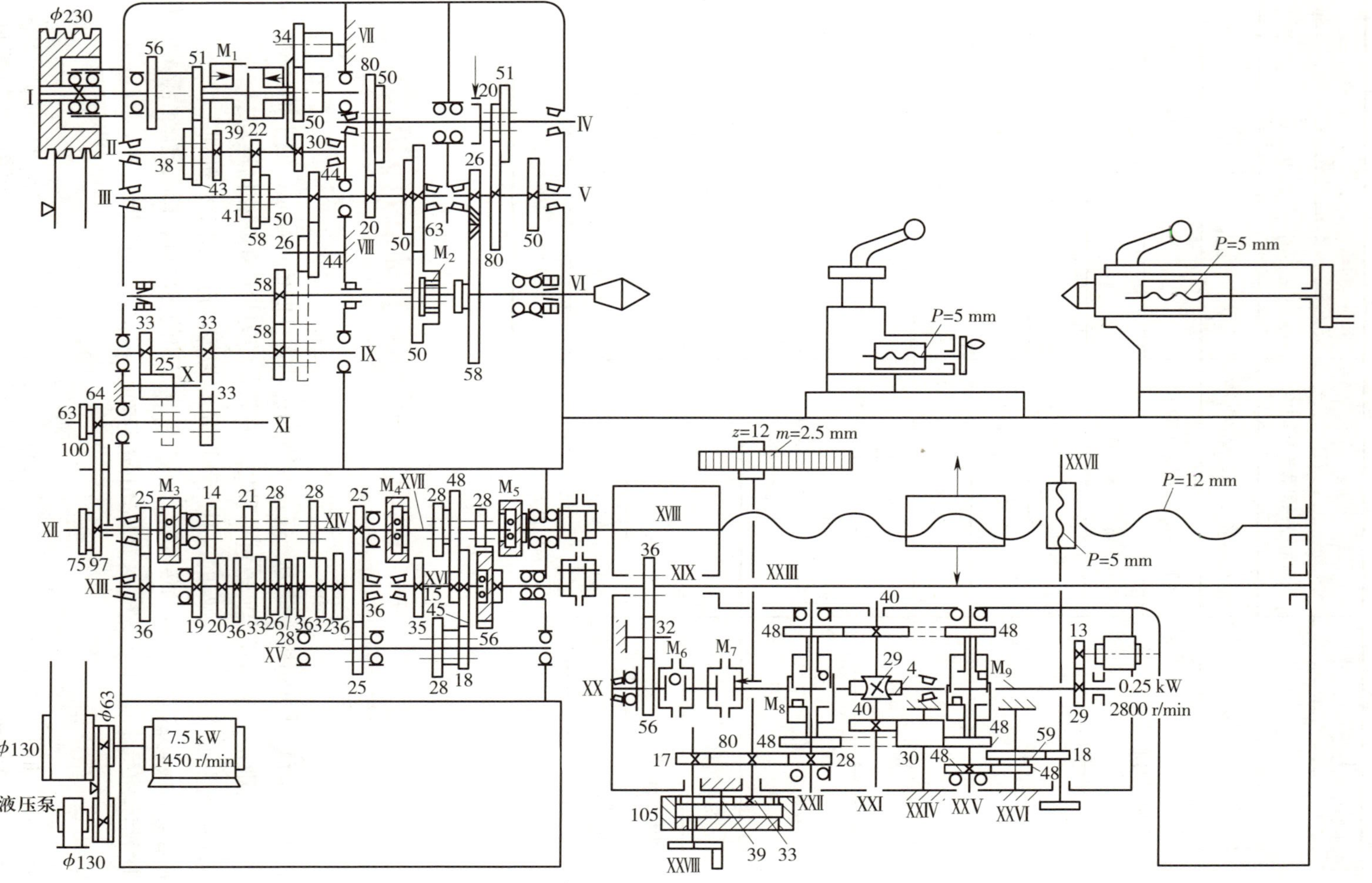

图 2-3　CA6140 型卧式车床传动系统图

2. 传动路线及表达式

由图 2-3 可知，运动由电动机经 V 带传动传至轴Ⅰ。为控制主轴的启动、停止及旋转方向的变换，在轴Ⅰ上装有双向多片式摩擦离合器 M_1、齿数为 56 和 51 的双联空套齿轮、齿数为 50 的空套齿轮。当离合器 M_1 左边的摩擦片被压紧时，运动由轴Ⅰ上的双联齿轮传出，实现主轴正转；当离合器 M_1 右边的摩擦片被压紧时，运动由轴Ⅰ上齿数为 50 的齿轮传出，实现主轴反转；两边摩擦片均不压紧时，轴Ⅰ空转，主轴停止转动。轴Ⅰ的运动经 M_1 和双联滑移齿轮变速组传至轴Ⅱ，使轴Ⅱ获得 2 级正转转速；经 M_1 和 $\frac{50}{34}\times\frac{34}{30}$ 传至轴Ⅱ，使轴Ⅱ获得 1 级反转转速。由此可知，反转转速级数为正转转速级数的一半。轴Ⅱ的运动经三联滑移齿轮变速组，即齿轮副 $\frac{39}{41}$、$\frac{22}{58}$、$\frac{30}{50}$ 传到轴Ⅲ，使轴Ⅲ获得 6 级正转转速。运动传至轴Ⅲ后，经过两条不同的传动路线传递：一条是高速传动路线，即主轴上带内齿的齿数为 50 的滑移齿轮处于图示位置时，轴Ⅲ的运动经齿轮副 $\frac{63}{50}$ 直接传给主轴，使主轴获得 6 级高转速；另一条是中低速传动路线，当齿数为 50 的齿轮处于右边位置（右移），M_2 接合工作时，轴Ⅲ的运动经齿轮副 $\frac{20}{80}$ 或 $\frac{50}{50}$ 传至轴Ⅳ，再经齿轮副 $\frac{20}{80}$ 或 $\frac{51}{50}$ 传至轴Ⅴ，然后经齿轮副 $\frac{26}{58}$ 传至主轴Ⅵ，使主轴获得中低转速。

CA6140 型卧式车床主运动传动路线表达式为：

$$\text{电动机}-\frac{130}{230}-\text{Ⅰ}-\left[\begin{array}{c}\overleftarrow{M_1}-\begin{bmatrix}\frac{51}{43}\\[4pt]\frac{56}{38}\end{bmatrix}-\\[8pt] \overrightarrow{M_1}-\frac{50}{34}\times\frac{34}{30}-\end{array}\right]-\text{Ⅱ}-\begin{bmatrix}\frac{39}{41}\\[4pt]\frac{22}{58}\\[4pt]\frac{30}{50}\end{bmatrix}-\text{Ⅲ}-\left[\begin{array}{c}\begin{bmatrix}\frac{20}{80}\\[4pt]\frac{50}{50}\end{bmatrix}-\text{Ⅳ}-\begin{bmatrix}\frac{20}{80}\\[4pt]\frac{51}{50}\end{bmatrix}-\text{Ⅴ}-\frac{26}{58}-\overrightarrow{M_2}\\[8pt] \frac{63}{50}-\overleftarrow{M_2}\end{array}\right]-\text{Ⅵ（主轴）}$$

由传动系统图和传动路线表达式，主轴可得到 2×3×（2×2+1）=30 级转速，但由于轴Ⅲ至轴Ⅴ间的四种传动比为：

$$u_1=\frac{20}{80}\times\frac{20}{80}=\frac{1}{16}\qquad u_2=\frac{20}{80}\times\frac{51}{50}\approx\frac{1}{4}$$

$$u_3=\frac{50}{50}\times\frac{20}{80}=\frac{1}{4}\qquad u_4=\frac{50}{50}\times\frac{51}{50}\approx 1$$

其中 $u_2\approx u_3$，可见轴Ⅲ至轴Ⅴ间只有三种不同的传动比。在转速分布图中有 6 级转速基本重复（图 2-4 中虚线），没有使用价值，由操纵机构控制保证它不接通。因此，主轴实际获得 2×3×（3+1）=24 级不同的转速。同理，主轴反转转速的级数为 3×（3+1）=12 级。

3. 主运动平衡式

主轴的转速可按下列运动平衡式计算：

$$n_{主}=1\,450\times\frac{130}{230}\times(1-\varepsilon)\,u_{\text{Ⅰ}-\text{Ⅱ}}\,u_{\text{Ⅱ}-\text{Ⅲ}}\,u_{\text{Ⅲ}-\text{Ⅵ}} \tag{2-1}$$

式中　$n_{主}$——主轴转速，r/min；

ε——V 带传动的滑动系数，可取 ε=0.02；

$u_{\text{Ⅰ}-\text{Ⅱ}}$、$u_{\text{Ⅱ}-\text{Ⅲ}}$、$u_{\text{Ⅲ}-\text{Ⅵ}}$——分别为轴Ⅰ－Ⅱ、Ⅱ－Ⅲ、Ⅲ－Ⅵ间的可变传动比。

4. 转速分布图

CA6140 型卧式车床主传动系统的转速分布如图 2–4 所示。CA6140 型卧式车床主轴的最高转速 n_{max}≈1 400 r/min，最低转速 n_{min}≈10 r/min。在主轴最高和最低转速范围内，各级转速按等比级数排列，等比级数的公比为 1.25。

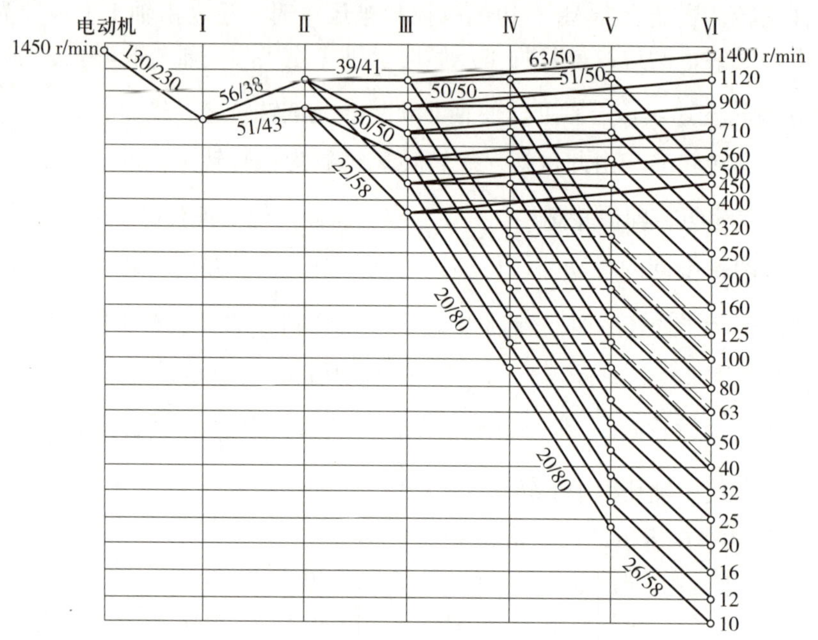

图 2–4　CA6140 型卧式车床主传动系统的转速分布

二、车螺纹进给运动传动链

CA6140 型卧式车床可车削米制、模数、英制和径节四种标准螺纹，另外还可加工大导程螺纹、非标准螺纹和精密螺纹。

车削螺纹时，其传动链的首端件是主轴，末端件是刀架，两者之间必须保持严格的运动关系，即主轴每转 1 转，刀具移动一个被加工螺纹的导程。由此，结合传动系统图可得车螺纹传动的运动平衡式。

$$P_{h工}=1_{主轴}\times u_{定}\times u_x\times P_{丝} \tag{2-2}$$

式中　$P_{h工}$——被加工工件螺纹的导程，mm；

$u_{定}$——主轴至丝杠间全部定比传动机构的总传动比，是一个常数；

u_x——主轴至丝杠间换置机构的可变传动比；

$P_{丝}$——机床丝杠的导程，mm。CA6140 型卧式车床 $P_{丝}$=12 mm（单线、螺距为 12 mm 的丝杠）。

式（2–2）中，$u_{定}$与 $P_{丝}$均为定值，可见，要加工不同导程的螺纹，关键是调整车螺纹传动链中换置机构的传动比。

1. 车米制螺纹

米制螺纹是应用最广泛的一种螺纹，在国家标准中规定了标准螺距值。表 2–3 列出了 CA6140 型卧式车床车削常用米制螺纹的标准螺距值，从表中可以看出，米制螺纹标准螺距值的排列为分段等差数列，其特点是每行中的螺距值按等差数列排列，每列中的螺距值又成一公比为 2 的等比数列。

表 2-3 CA6140 型卧式车床车削常用米制螺纹的标准螺距值 mm

增倍组	基本组							
	$\frac{26}{28}$	$\frac{28}{28}$	$\frac{32}{28}$	$\frac{36}{28}$	$\frac{19}{14}$	$\frac{20}{14}$	$\frac{33}{21}$	$\frac{36}{21}$
$\frac{18}{45}\times\frac{15}{48}=\frac{1}{8}$	—	—	1	—	—	1.25	—	1.5
$\frac{28}{35}\times\frac{15}{48}=\frac{1}{4}$	—	1.75	2	2.25	—	2.5	—	3
$\frac{18}{45}\times\frac{35}{28}=\frac{1}{2}$	—	3.5	4	4.5	—	8	5.5	6
$\frac{28}{35}\times\frac{35}{28}=1$	—	7	8	9	—	10	11	12

（1）运动分析

CA6140 型卧式车床车削米制螺纹时，进给箱中的离合器 M_3、M_4 脱开，离合器 M_5 接合（接通丝杠）。

（2）传动路线及表达式

运动由主轴Ⅵ经齿轮副 $\frac{58}{58}$、轴Ⅸ－Ⅺ间的换向机构、交换齿轮组 $\frac{63}{100}\times\frac{100}{75}$ 传至轴Ⅻ，进入进给箱后，经齿轮副 $\frac{25}{36}$ 传至轴XⅢ；再经轴XⅢ－XⅣ间的滑移齿轮变速机构传至轴XⅣ；再由齿轮副 $\frac{25}{36}\times\frac{36}{25}$ 传至轴XⅤ，经轴XⅤ－XⅦ间两组双联滑移齿轮变速传至轴XⅦ，通过离合器 M_5 传给丝杠XⅧ，使丝杠旋转。合上溜板箱中的开合螺母，以带动刀架做纵向进给运动。其传动路线表达式如下：

$$\text{主轴Ⅵ}-\frac{58}{58}-\text{Ⅸ}-\begin{bmatrix}\frac{33}{33}\\ \text{（右旋螺纹）}\\ \frac{33}{25}\times\frac{25}{33}\\ \text{（左旋螺纹）}\end{bmatrix}-\text{Ⅺ}-\frac{63}{100}\times\frac{100}{75}-\text{Ⅻ}-\frac{25}{36}-\text{XⅢ}-u_{\text{XⅢ-XⅣ}}-$$

$$\text{XⅣ}-\frac{25}{36}\times\frac{36}{25}-\text{XⅤ}-u_{\text{XⅤ-XⅦ}}-\text{XⅦ}-M_5-\text{XⅧ（丝杠）}-\text{刀架}$$

（3）运动平衡式

车削米制螺纹的运动平衡式为：

$$P_h=kP=1_{\text{主轴}}\times\frac{58}{58}\times\frac{33}{33}\times\frac{63}{100}\times\frac{100}{75}\times\frac{25}{36}\times u_{\text{XⅢ-XⅣ}}\times\frac{25}{36}\times\frac{36}{25}\times u_{\text{XⅤ-XⅦ}}\times 12 \qquad (2\text{-}3)$$

式中 P_h——螺纹导程，mm；

k——螺纹线数；

P——螺纹螺距，mm；

$u_{XIII-XIV}$——轴XIII－XIV间的可变传动比；

$u_{XV-XVII}$——轴XV－XVII间的可变传动比。

整理后可得：

$$P_h=7u_{XIII-XIV}u_{XV-XVII} \tag{2-4}$$

传动链中轴IX－XI间的换向机构可在主轴转向不变的情况下改变丝杠的旋转方向，用于车削右旋螺纹或左旋螺纹。

轴XIII－XIV间的变速机构是获得各种螺纹导程的基本变速机构，称为基本螺距机构或简称基本组，可获得 8 种不同的传动比，它们成近似的等差数列：

$$u_{基1}=\frac{26}{28}=\frac{6.5}{7}\quad u_{基2}=\frac{28}{28}=\frac{7}{7}\quad u_{基3}=\frac{32}{28}=\frac{8}{7}\quad u_{基4}=\frac{36}{28}=\frac{9}{7}$$

$$u_{基5}=\frac{19}{14}=\frac{9.5}{7}\quad u_{基6}=\frac{20}{14}=\frac{10}{7}\quad u_{基7}=\frac{33}{21}=\frac{11}{7}\quad u_{基8}=\frac{36}{21}=\frac{12}{7}$$

轴XV－XVII间的两个双联滑移齿轮组成的变速机构用于把由基本组得到的导程值成倍地增大或按比例缩小，故通常称为增倍机构，或简称增倍组。可变换四种传动比，其值按倍数排列：

$$u_{倍1}=\frac{18}{45}\times\frac{15}{48}=\frac{1}{8}\quad u_{倍2}=\frac{28}{35}\times\frac{15}{48}=\frac{1}{4}$$

$$u_{倍3}=\frac{18}{45}\times\frac{35}{28}=\frac{1}{2}\quad u_{倍4}=\frac{28}{35}\times\frac{35}{28}=1$$

通过 $u_{基}$和 $u_{倍}$的不同组合，就可得到表 2–3 中所列全部米制螺纹的标准螺距值。

于是式（2–4）又可写成：

$$P_h=7u_{基}u_{倍} \tag{2-5}$$

2. 车模数螺纹

模数螺纹主要用于米制蜗杆中，有时某些特殊丝杠的导程也是模数制的，如 Y3150 型滚齿机的垂直进给丝杠为模数螺纹。米制蜗杆的齿距为 πm，所以模数螺纹的螺距值为 πm。模数螺纹的模数值已由国家标准规定。表 2–4 列出了 CA6140 型卧式车床车削模数螺纹的模数值（螺纹线数 k=1）。从表中可看出模数值的排列规律与米制螺纹螺距值一样，也成一分段等差数列。如果将表 2–4 中的模数值以螺距值（πm）代替，再与米制螺纹螺距表 2–3 比较，可发现，表 2–4 中每项模数螺纹螺距值为表 2–3 中相应项米制螺纹螺距值的$\frac{\pi}{4}$倍。

表 2–4　CA6140 型卧式车床车削模数螺纹的模数值　mm

增倍组	基本组							
	$\frac{26}{28}$	$\frac{28}{28}$	$\frac{32}{28}$	$\frac{36}{28}$	$\frac{19}{14}$	$\frac{20}{14}$	$\frac{33}{21}$	$\frac{36}{21}$
$\frac{18}{45}\times\frac{15}{48}=\frac{1}{8}$	—	—	0.25	—	—	—	—	—
$\frac{28}{35}\times\frac{15}{48}=\frac{1}{4}$	—	—	0.5	—	—	—	—	—
$\frac{18}{45}\times\frac{35}{28}=\frac{1}{2}$	—	—	1	—	—	1.25	—	1.5
$\frac{28}{35}\times\frac{35}{28}=1$	—	1.75	2	2.25	—	2.5	2.75	3

车削模数螺纹时，除将交换齿轮换为$\frac{64}{100}\times\frac{100}{97}$外，其传动路线与车削米制螺纹完全相同。因为两种交换齿轮组传动比的比值$\left(\frac{64}{100}\times\frac{100}{97}\right)/\left(\frac{63}{100}\times\frac{100}{75}\right)\approx\frac{\pi}{4}$，所以改变交换齿轮组的传动比后，车削模数螺纹运动传动链的总传动比为相应车削米制螺纹运动传动链总传动比的$\frac{\pi}{4}$倍。车削模数螺纹的运动平衡式为：

$$P_{hm}=k\pi m=1_{主轴}\times\frac{58}{58}\times\frac{33}{33}\times\frac{64}{100}\times\frac{100}{97}\times\frac{25}{36}\times u_{基}\times\frac{25}{36}\times\frac{36}{25}\times u_{倍}\times 12 \tag{2-6}$$

式中 P_{hm}——模数螺纹导程，mm；

k——螺纹线数；

m——模数螺纹的模数值，mm。

整理后得：

$$P_{hm}=k\pi m=\frac{7\pi}{4}u_{基}u_{倍} \tag{2-7}$$

$$m=\frac{7}{4k}u_{基}\ u_{倍} \tag{2-8}$$

3. 车英制螺纹

英制螺纹的螺距参数为螺纹每英寸长度上的牙数 a（牙 /in）。标准的 a 值也是按分段等差数列规律排列的。英制螺纹的螺距值为$\frac{1}{a}$（in），折算成米制为$\frac{25.4}{a}$（mm）。可见标准英制螺纹螺距值的特点如下：分母按分段等差数列排列，且螺距值中含有特殊因子 25.4。因此，车削英制螺纹传动路线与车削米制螺纹传动路线相比，有以下两处不同：

（1）基本组中主动、从动传动关系应与车削米制螺纹时相反，即运动应由轴XIV传至轴XIII。这样，基本组的传动比分别为$\frac{7}{6.5}$、$\frac{7}{7}$、$\frac{7}{8}$、$\frac{7}{9}$、$\frac{7}{9.5}$、$\frac{7}{10}$、$\frac{7}{11}$、$\frac{7}{12}$，分母成近似等差数列，从而适应英制螺纹螺距值的排列规律。

（2）改变传动链中部分传动副的传动比，以引入特殊因子 25.4。车削英制螺纹时，交换齿轮组采用$\frac{63}{100}\times\frac{100}{75}$，进给箱中轴XII上齿数为 25 的滑移齿轮右移，使离合器 M_3 接合，轴XV上齿数为 25 的滑移齿轮左移，与轴XIII上齿数为 36 的固定齿轮啮合。此时，离合器 M_4 脱开，M_5 保持接合。运动由交换齿轮组传至轴XII后，经离合器 M_3、轴XIV和基本组机构传至轴XIII，传动方向正好与车削米制螺纹时相反，其基本组传动比 $u'_{基}$与车削米制螺纹时的 $u_{基}$互为倒数，即 $u'_{基}=\frac{1}{u_{基}}$。然后运动由齿轮副$\frac{36}{25}$传至增倍机构，经 M_5 传至丝杠。车削英制螺纹的运动平衡式为：

$$P_{ha}=\frac{25.4k}{a}=1_{主轴}\times\frac{58}{58}\times\frac{33}{33}\times\frac{63}{100}\times\frac{100}{75}\times u'_{基}\times\frac{36}{25}\times u_{倍}\times 12 \tag{2-9}$$

在运动平衡式中，$\frac{63}{100}\times\frac{100}{75}\times\frac{36}{25}\approx\frac{25.4}{21}$，包含了特殊因子 25.4，$u'_{基}=\frac{1}{u_{基}}$带入式（2-9）整理后得换置公式：

$$P_{ha}=\frac{25.4k}{a}=\frac{4}{7}\times 25.4\frac{u_{倍}}{u_{基}} \tag{2-10}$$

$$a=\frac{7k}{4}\times\frac{u_{基}}{u_{倍}} \tag{2-11}$$

当 CA6140 型卧式车床车削英制螺纹且螺纹线数 k=1 时，a 值与基本组和增倍组传动比的关系见表 2–5。

表 2–5　CA6140 型卧式车床车削英制螺纹的 a 值　牙 /in

增倍组	基本组							
	$\frac{26}{28}$	$\frac{28}{28}$	$\frac{32}{28}$	$\frac{36}{28}$	$\frac{19}{14}$	$\frac{20}{14}$	$\frac{33}{21}$	$\frac{36}{21}$
$\frac{18}{45}\times\frac{15}{48}=\frac{1}{8}$	—	14	16	18	19	20	—	24
$\frac{28}{35}\times\frac{15}{48}=\frac{1}{4}$	—	7	8	9	—	10	11	12
$\frac{18}{45}\times\frac{35}{28}=\frac{1}{2}$	$3\frac{1}{4}$	$3\frac{1}{2}$	4	$4\frac{1}{2}$	—	5	—	6
$\frac{28}{35}\times\frac{35}{28}=1$	—	—	2	—	—	—	—	3

4. 车径节螺纹

径节螺纹用于英制蜗杆中，其螺距参数以径节 DP（牙 /in）来表示。标准径节的数列也是分段等差数列。径节螺纹的螺距为：

$$P=\frac{\pi}{DP}\text{in}=\frac{25.4\pi}{DP}\text{mm} \tag{2-12}$$

可见径节螺纹的螺距值与英制螺纹相似，即分母是分段等差数列，且螺距值中含有特殊因子 25.4，不同的是径节螺纹的螺距值中还含有 π 因子。由此可知，车削径节螺纹时，除交换齿轮组应与车削模数螺纹时的交换齿轮组相同，即 $\frac{64}{100}\times\frac{100}{97}$，其余部分传动路线与车削英制螺纹完全相同。

CA6140 型卧式车床车削螺纹线数 k=1 的标准 DP 值径节螺纹时，DP 值与基本组和增倍组传动比的关系见表 2–6。

表 2–6　CA6140 型卧式车床车削径节螺纹的 DP 值　牙 /in

增倍组	基本组							
	$\frac{26}{28}$	$\frac{28}{28}$	$\frac{32}{28}$	$\frac{36}{28}$	$\frac{19}{14}$	$\frac{20}{14}$	$\frac{33}{21}$	$\frac{36}{21}$
$\frac{18}{45}\times\frac{15}{48}=\frac{1}{8}$	—	56	64	72	—	80	88	96
$\frac{28}{35}\times\frac{15}{48}=\frac{1}{4}$	—	28	32	36	—	40	44	48
$\frac{18}{45}\times\frac{35}{28}=\frac{1}{2}$	—	14	16	18	—	20	22	24
$\frac{28}{35}\times\frac{35}{28}=1$	—	7	8	9	—	10	11	12

车削径节螺纹时的运动平衡式为：

$$P_{hDP}=\frac{25.4k\pi}{DP}=1_{主轴}\times\frac{58}{58}\times\frac{33}{33}\times\frac{64}{100}\times\frac{100}{97}\times u'_{基}\times\frac{36}{25}\times u_{倍}\times 12 \tag{2-13}$$

在运动平衡式中，$\frac{64}{100}\times\frac{100}{97}\times\frac{36}{25}\approx\frac{25.4\pi}{84}$，$u'_{基}=\frac{1}{u_{基}}$带入上式整理后得换置公式：

$$P_{hDP}=\frac{25.4k\pi}{DP}=\frac{25.4\pi}{7}\times\frac{u_{倍}}{u_{基}} \tag{2-14}$$

$$DP=7k\frac{u_{基}}{u_{倍}} \tag{2-15}$$

5. 车大导程螺纹

当需要车削导程大于表 2-3 ~ 表 2-6 所列值的大导程螺纹时，如大模数蜗杆、多线螺纹、油槽等，可通过扩大主轴Ⅵ至轴Ⅸ之间的传动比倍数进行加工。具体如下：将主轴Ⅵ上齿数为 58 的滑移齿轮右移，使之与轴Ⅷ上齿数为 26 的齿轮啮合。此时，主轴Ⅵ至轴Ⅸ的传动路线表达式为：

$$主轴Ⅵ-\left[\begin{array}{c}(正常导程螺纹\ 1:1)\frac{58}{58}\\ \vec{M}_2-\frac{58}{26}-Ⅴ-\frac{80}{20}-Ⅳ-\left[\begin{array}{c}(大导程螺纹\ 4:1)\frac{50}{50}\\ (大导程螺纹\ 16:1)\frac{80}{20}\end{array}\right]-Ⅲ-\frac{44}{44}-Ⅷ-\frac{26}{58}\end{array}\right]-Ⅸ$$

自轴Ⅸ以后的传动路线表达式仍与车削正常导程螺纹时相同。从主轴Ⅵ到轴Ⅸ的传动比为：

$$u_{扩1}=\frac{58}{26}\times\frac{80}{20}\times\frac{50}{50}\times\frac{44}{44}\times\frac{26}{58}=4$$

$$u_{扩2}=\frac{58}{26}\times\frac{80}{20}\times\frac{80}{20}\times\frac{44}{44}\times\frac{26}{58}=16$$

所以，用于车削大导程螺纹的导程扩大机构的传动比实质上也是一个增倍组。但必须注意，由于导程扩大机构的传动齿轮就是主运动的传动齿轮，因此，只有主轴上的离合器 M_2 接合，即主轴处于低速状态时，用螺纹导程扩大机构才能车削大导程螺纹。当主轴转速确定后，导程可能扩大的倍数也就确定了，不能再变动。

车削正常导程螺纹时，从主轴Ⅵ到轴Ⅸ的传动比 u=1。车削大导程螺纹与车削正常导程螺纹相比，传动比分别扩大了 4 倍和 16 倍，即可使被加工螺纹导程扩大 4 倍和 16 倍。

应当指出的是，车削大导程螺纹时，主轴Ⅵ－轴Ⅲ间的传动联系为主运动传动链和车螺纹进给运动传动链共有，此时主轴只能以较低速度旋转。具体来说，当 $u_{扩}$=16 时，主轴转速为 10 ~ 32 r/min（最低六级转速）；当 $u_{扩}$=4 时，主轴转速为 40 ~ 125 r/min（较低六级转速）。主轴转速高于 125 r/min 时，则不能加工大导程螺纹，但这对实际加工并无影响，因为从操作可能性看，只有在主轴低速旋转时才能加工大导程螺纹。

6. 车非标准螺纹和较精密螺纹

当车削螺纹表中没有的非标准螺纹或较精密螺纹时，用进给箱内的变速机构无法得到所需要的导程。这时可将离合器 M_3、M_4 和 M_5 全部接合，使轴Ⅻ、轴XⅣ、轴XⅦ和丝杠XⅧ

连成一体，通过配换交换齿轮获得所需要的螺纹导程。由于主轴至丝杠的传动路线大为缩短，从而减少了传动累积误差，可加工出具有较高精度的螺纹。如要加工更高精度的螺纹，可采用高精度齿轮作为交换齿轮，并把传动丝杠换成高精度丝杠。

传动路线表达式为：

$$\text{主轴}\mathrm{VI}-\frac{58}{58}\times\frac{33}{33}-u_{\text{交}}-\mathrm{XII}-M_3-\mathrm{XIV}-M_4-\mathrm{XVII}-M_5-\mathrm{XVIII}\text{（丝杠）}-\text{刀架}$$

传动链运动平衡式为：

$$P_h=1_{\text{主轴}}\times\frac{58}{58}\times\frac{33}{33}\times u_{\text{交}}\times 12 \tag{2-16}$$

式中 P_h——螺纹导程，mm；

$u_{\text{交}}$——交换齿轮组传动比。

化简后得换置公式：

$$u_{\text{交}}=\frac{P_h}{12} \tag{2-17}$$

为了综合分析及比较车削上述各种螺纹时的传动路线表达式，现将 CA6140 型卧式车床进给运动传动链中车削螺纹时的传动路线表达式归纳总结如下：

$$\text{主轴}\mathrm{VI}-\left[\begin{array}{c}\frac{58}{58}\\ \text{（正常导程螺纹 1：1）}\\ \frac{58}{26}-\mathrm{V}-\mathrm{IV}-\left[\begin{array}{c}\frac{50}{50}\\ \text{（大导程螺纹 4：1）}\\ \frac{80}{20}\\ \text{（大导程螺纹 16：1）}\end{array}\right]-\mathrm{III}-\frac{44}{44}-\mathrm{VIII}-\frac{26}{58}\end{array}\right]-\mathrm{IX}-\left[\begin{array}{c}\frac{33}{33}\\ \text{（右螺纹）}\\ \frac{33}{25}\times\frac{25}{33}\\ \text{（左螺纹）}\end{array}\right]-\mathrm{XI}-$$

$$\left[\begin{array}{c}\left[\begin{array}{c}\frac{63}{100}\times\frac{100}{75}\\ \text{（米制和英制螺纹）}\\ \frac{64}{100}\times\frac{100}{97}\\ \text{（模数和径节螺纹）}\end{array}\right]-\mathrm{XII}-\left[\begin{array}{c}\frac{25}{36}-\mathrm{XIII}-u_{\text{基}}-\mathrm{XIV}-\frac{25}{36}-\frac{36}{25}\\ \text{（米制和模数螺纹）}\\ M_{3\text{合}}-\mathrm{XIV}-\frac{1}{u_{\text{基}}}-\mathrm{XIII}-\frac{36}{25}\\ \text{（英制和径节螺纹）}\end{array}\right]-\mathrm{XV}-u_{\text{倍}}\\ u_{\text{交}}-\mathrm{XII}-M_{3\text{合}}-\mathrm{XIV}-M_{4\text{合}}\\ \text{（非标准螺纹）}\end{array}\right]-$$

$$\mathrm{XVII}-M_{5\text{合}}-\mathrm{XVIII}\text{（丝杠）}-\text{刀架}$$

三、纵横向机动进给传动链

CA6140 型卧式车床做机动进给时，从主轴Ⅵ至进给箱轴ⅩⅦ的传动路线表达式与车削螺纹时的传动路线表达式相同，轴ⅩⅦ上齿数为 28 的滑移齿轮处于左位，离合器 M_5 脱开，

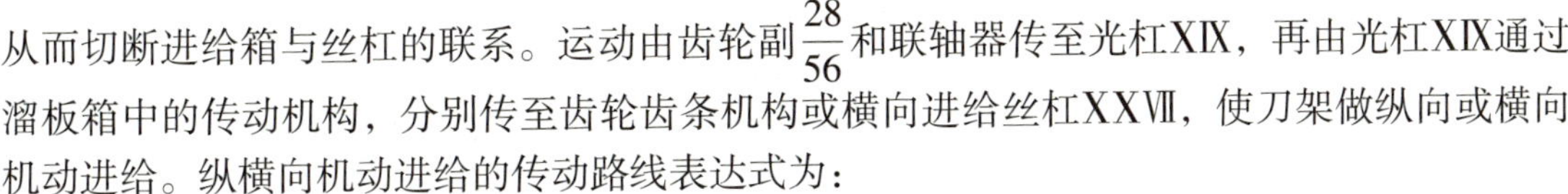

从而切断进给箱与丝杠的联系。运动由齿轮副$\frac{28}{56}$和联轴器传至光杠XIX，再由光杠XIX通过溜板箱中的传动机构，分别传至齿轮齿条机构或横向进给丝杠XXVII，使刀架做纵向或横向机动进给。纵横向机动进给的传动路线表达式为：

$$\text{主轴VI}-\begin{bmatrix}\text{车米制螺纹传动路线}\\ \text{车英制螺纹传动路线}\end{bmatrix}-\text{XVII}-\frac{28}{56}-\text{XIX(光杠)}-\frac{36}{32}\times\frac{32}{56}-$$

$$M_6\text{(超越离合器)}-M_7\text{(安全离合器)}-\text{XX}-\frac{4}{29}-\text{XXI}-$$

$$\left\{\begin{array}{l}\begin{bmatrix}\frac{40}{48}-M_9\uparrow\\ \frac{40}{30}\times\frac{30}{48}-M_9\downarrow\end{bmatrix}-\text{XXV}-\frac{48}{48}\times\frac{59}{18}-\text{XXVII(丝杠)}-\text{刀架(横向进给)}\\ \begin{bmatrix}\frac{40}{48}-M_8\uparrow\\ \frac{40}{30}\times\frac{30}{48}-M_8\downarrow\end{bmatrix}-\text{XXXII}-\frac{28}{80}-\text{XXIII}-\text{齿轮}(z=12)-\text{齿条}-\text{刀架(纵向进给)}\end{array}\right.$$

溜板箱内的双向齿式离合器 M_8 和 M_9 分别用于纵横向机动进给运动的接通、断开及控制进给方向。CA6140 型卧式车床可以通过四种不同的传动路线表达式实现机动进给运动，从而获得纵向和横向进给量各 64 种，CA6140 型卧式车床纵向机动进给量见表 2–7。

表 2–7　CA6140 型卧式车床纵向机动进给量　　mm/r

基本组	增倍组									
	细进给量	正常进给量				较大进给量	加大进给量			
							4	16	4	16
	$\frac{1}{8}$	$\frac{1}{8}$	$\frac{1}{4}$	$\frac{1}{2}$	1	1	$\frac{1}{2}$	$\frac{1}{8}$	1	$\frac{1}{4}$
$\frac{26}{28}$	0.028	0.08	0.16	0.33	0.66	1.59	3.16		6.33	
$\frac{28}{28}$	0.032	0.09	0.18	0.36	0.71	1.47	2.93		5.87	
$\frac{32}{28}$	0.036	0.10	0.20	0.41	0.81	1.29	2.57		5.14	
$\frac{36}{28}$	0.039	0.11	0.23	0.46	0.91	1.15	2.28		4.56	
$\frac{19}{14}$	0.043	0.12	0.24	0.48	0.96	1.09	2.16		4.32	
$\frac{20}{14}$	0.046	0.13	0.26	0.51	1.02	1.03	2.05		4.11	
$\frac{33}{21}$	0.050	0.14	0.28	0.56	1.12	0.94	1.87		3.74	
$\frac{36}{21}$	0.054	0.15	0.30	0.61	1.22	0.86	1.71		3.42	

1. 运动经车削米制螺纹传动路线传动，其运动平衡式为：

$$f_{纵}=1_{主轴}\times\frac{58}{58}\times\frac{33}{33}\times\frac{63}{100}\times\frac{100}{75}\times\frac{25}{36}\times u_{基}\times\frac{25}{36}\times\frac{36}{25}\times u_{倍}\times \frac{28}{56}\times\frac{36}{32}\times\frac{32}{56}\times\frac{4}{29}\times\frac{40}{48}\times\frac{28}{80}\times\pi\times 2.5\times 12 \quad (2\text{–}18)$$

式中　$f_{纵}$——纵向进给量，mm/r。

化简后得：

$$f_{纵}=0.71u_{基}u_{倍} \quad (2\text{–}19)$$

通过该传动路线，可得到 0.08 ~ 1.22 mm/r 的 32 种正常进给量。

2. 运动经车削英制螺纹传动路线传动，其运动平衡式为：

$$f_{纵}=1_{主轴}\times\frac{58}{58}\times\frac{33}{33}\times\frac{63}{100}\times\frac{100}{75}\times\frac{1}{u_{基}}\times\frac{36}{25}\times u_{倍}\times \frac{28}{56}\times\frac{36}{32}\times\frac{32}{56}\times\frac{4}{29}\times\frac{40}{30}\times\frac{30}{48}\times\frac{28}{80}\times\pi\times 2.5\times 12 \quad (2\text{–}20)$$

化简后得：

$$f_{纵}=1.471\frac{u_{倍}}{u_{基}} \quad (2\text{–}21)$$

在 $u_{倍}=1$ 时，可得 0.86 ~ 1.59 mm/r 的 8 种较大进给量，$u_{倍}$为其他值时，所得进给量与车削米制螺纹传动路线所得进给量重复。

3. 当主轴以 10 ~ 125 r/min 低速旋转时，可通过扩大螺距机构及车削英制螺纹传动路线传动，从而得到进给量为 1.71 ~ 6.33 mm/r 的 16 种加大进给量，以满足低速、大进给量强力切削和粗车的需要。

4. 当主轴以 450 ~ 1 400 r/min 高速旋转时（其中 500 r/min 除外），将轴Ⅸ上齿数为 58 的滑移齿轮右移。主轴运动经齿轮副$\frac{50}{63}\times\frac{44}{44}\times\frac{26}{58}$传至轴Ⅸ，再经车削米制螺纹传动路线传动（使用 $u_{倍}=\frac{1}{8}$），可得到 0.028 ~ 0.054 mm/r 的 8 种细进给量，以满足高速、小进给量精车的需要。

横向进给量同样可通过上述四种传动路线传动获得，只是以同样传动路线传动时，横向进给量为纵向进给量的一半，即 $f_{横}=\frac{1}{2}f_{纵}$。

四、刀架快速移动传动链

刀架的纵横向快速移动由装在溜板箱右侧的快速电动机（0.25 kW、2 800 r/min）驱动，经齿轮副传至轴XX，然后沿机动纵横向进给传动路线，传至纵向进给齿轮齿条副或横向进给丝杠，使刀架做纵向或横向快速移动。快速电动机由纵横向进给运动操纵手柄顶部的点动按钮操纵，使轴XX快速旋转，单向超越离合器 M_6 自动脱开与光杠传来的进给运动联系。快速电动机只能正转，不能反转。

$$f_{纵快}=2\,800\ \text{r/min}\times\frac{13}{29}\times\frac{4}{29}\times\frac{40}{30}\times\frac{30}{48}\times\frac{28}{80}\times\pi\times 2.5\times 12\ \text{mm}\times\frac{1}{1\,000}\approx 4\ \text{m/min}$$

第三节 CA6140型卧式车床的主要结构

机床的结构分析是机床分析的重要内容。由于机床的各种运动是由相应的结构来保证的，因此，必须借助装配图和零件图，对机床的部件、组件、相关机构和重要零件进行结构分析；了解机床结构的功用（或作用）、主要组成、工作原理、性能特点、工作可靠性措施以及结构工艺性等；掌握机床的结构及其调整方法。

对机床结构的分析可从功用、结构组成、工作原理、性能特点、工作可靠性、结构工艺性等方面入手。

一、主轴箱

主轴箱主要由主轴部件、传动机构、开停与制动装置、操纵机构和润滑装置等组成。为了便于了解主轴箱内各传动件的传动关系，传动件的结构、形状、装配方式及其支承结构常采用展开图的形式表示。展开图基本上是按主轴箱内各传动轴的传动顺序，沿其轴线取剖切面（见图2-5），再展开绘制而成的。

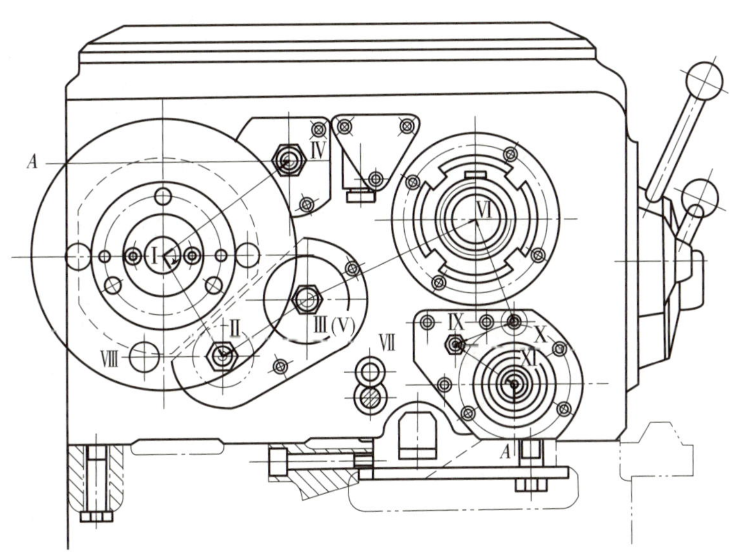

图2-5 CA6140型卧式车床各轴空间位置和主轴箱展开剖切位置示意图

图2-6所示为CA6140型卧式车床主轴箱展开图，展开图中一些有传动关系的轴在展开后被分开了，如轴Ⅲ和轴Ⅳ、轴Ⅴ和轴Ⅵ等，从而使相互啮合的齿轮副也被分开了，在读图时应予以注意。以下对主轴箱内主要部件的结构、工作原理和调整方法进行介绍。

1. 主轴部件及其轴承的调整

主轴部件主要由主轴、主轴支承结构和安装在主轴上的齿轮等组成。主轴是外部有花键、内部空心的台阶轴。主轴的内孔可通过长的棒料或用于通过气动、液压或电动夹紧装置机构。在拆卸主轴顶尖时，还可由内孔穿过拆卸钢棒。主轴前端加工有莫氏6号锥度的锥孔，用于安装前顶尖。

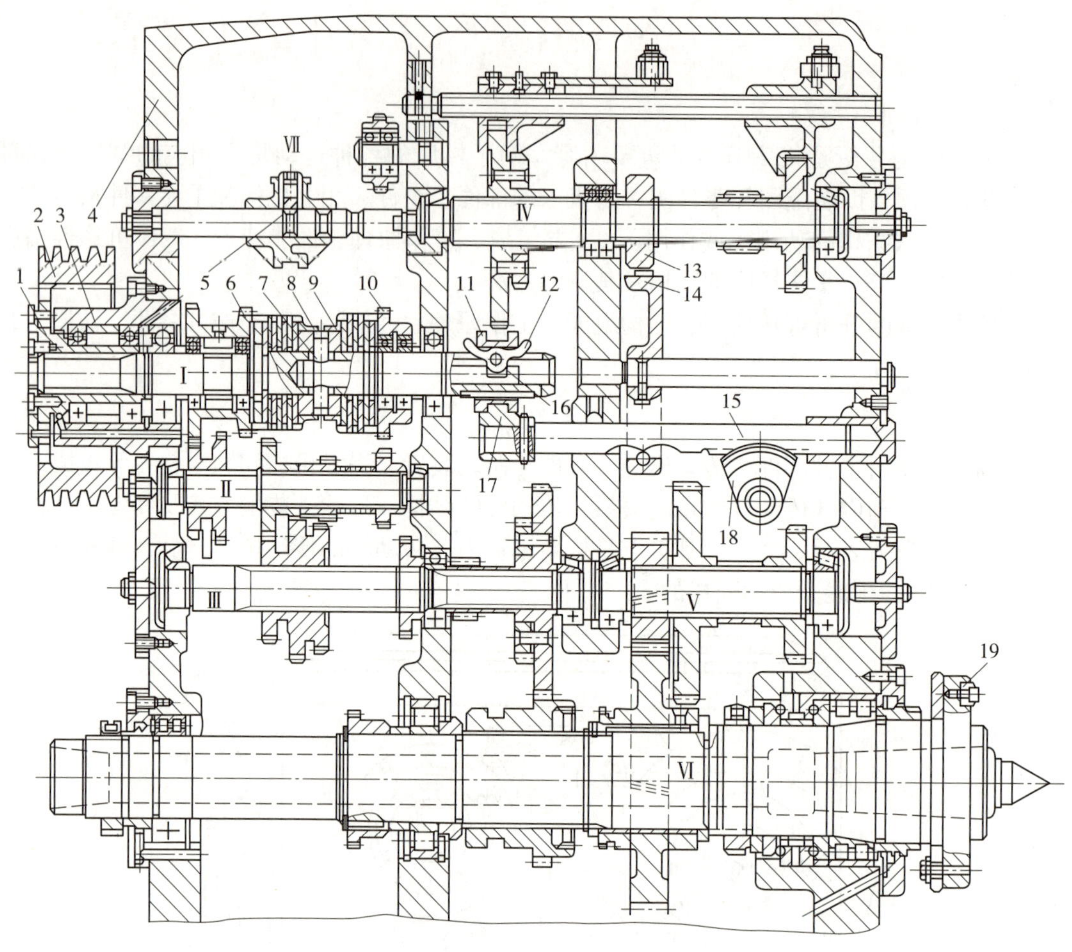

图 2–6　CA6140 型卧式车床主轴箱展开图

1—花键套　2—带轮　3—法兰　4—主轴箱箱体　5—钢球　6、10—齿轮　7—销
8、9—螺母　11—滑套　12—元宝形摆块　13—制动盘　14—制动带
15—齿条　16—拉杆　17—拨叉　18—扇形齿轮　19—端面键

主轴部件采用三支承结构，如图 2–7 所示，前后支承处分别装有双列圆柱滚子轴承，中间支承为圆柱滚子轴承。双列圆柱滚子轴承具有旋转精度高、刚度高、调整方便等优点，但只能承受径向载荷。前支承处还装有一个 60° 角接触的双向角接触推力球轴承，用以承受左右两个方向的轴向力。轴承的间隙对主轴回转精度有较大影响，使用中由于磨损导致的间隙增大时，应及时进行调整。调整前轴承时，先松开轴承前螺母 6，再拧开后螺母 3 上的紧定螺钉，然后拧动螺母 3，通过轴承左、右内圈和垫圈，使双列圆柱滚子轴承 5 的内圈相对于主轴锥形轴颈右移。在锥面作用下，轴承内圈径向外胀，从而消除轴承间隙。后轴承的调整方法与前轴承类似，但一般情况下，只需调整前轴承即可。轴套 8 的间隙由垫圈予以控制，如间隙增大，可通过磨削垫圈进行调整。

由于采用三支承结构的箱体加工工艺性较差，前、中、后三个支承孔很难保证有较高的同轴度，主轴安装时易产生变形，影响传动件精确啮合，工作时噪声较高且发热量较大。因

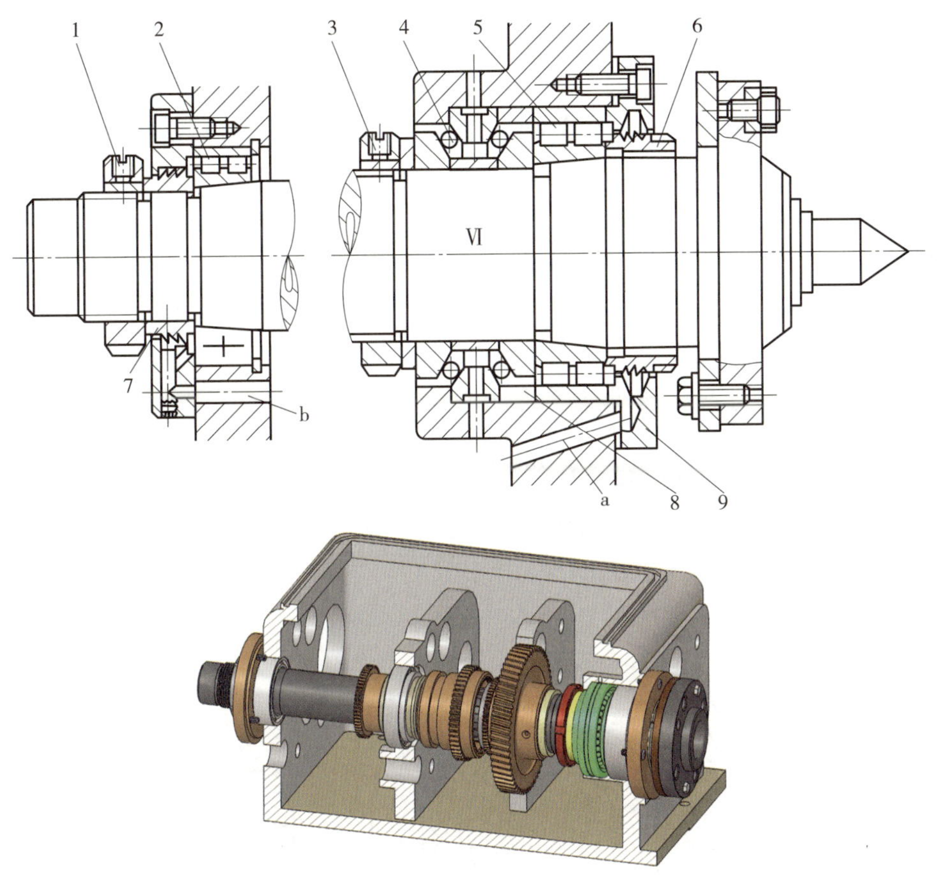

图 2–7 CA6140 型卧式车床主轴部件三支承结构

1、3—后螺母 2、5—双列圆柱滚子轴承 4—双向角接触推力球轴承

6—前螺母 7、8—轴套 9—端盖 a、b—回油通道

此，目前有些 CA6140 型卧式车床的主轴部件采用二支承结构，如图 2–8 所示。在二支承的主轴部件结构中，前支承仍采用双列圆柱滚子轴承，后支承采用角接触球轴承，承受径向力和向右的轴向力；向左方向的轴向力则由后支承中的推力球轴承承受。前支承双列圆柱滚子轴承的左侧安装有减振套 16，该减振套 16 与隔套 12 之间有 0.02 ~ 0.03 mm 的间隙，在间隙中存有油膜，起到阻尼减振作用。

主轴前端与卡盘或拨盘等夹具接合部分采用短锥法兰式结构，如图 2–9 所示。主轴 3 以前端短锥和轴肩端面作为定位面，通过四个螺栓 5 及其螺母 6 将卡盘或拨盘固定在主轴前端，而由安装在轴肩的端面键（图 2–6 中的件 19）传递扭矩。安装时先将螺栓 5 和螺母 6 安装在卡盘座上，然后将带螺母的螺栓从主轴轴肩和锁紧盘 2 的孔中穿过去，再将锁紧盘拧过一个角度，使四个螺栓进入锁紧盘孔圆弧槽较窄的部位，把螺栓卡住。拧紧螺母 6 和螺钉 1 即可把卡盘或拨盘紧固在主轴前端。短锥法兰式轴端结构具有定心精度高、轴端悬伸长度小、刚度高、安装方便等优点，应用较为广泛。主轴尾部的圆柱面是安装各种辅具（如气动、液压或电气装置等）的安装基准面。

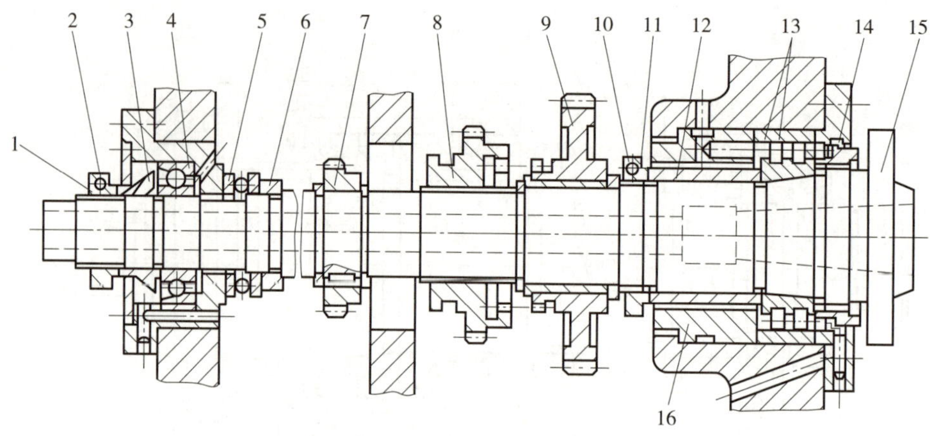

图 2-8　CA6140 型卧式车床主轴部件二支承结构

1、11、14—螺母　2、10—锁紧螺钉　3、6—轴套　4—角接触球轴承　5—推力球轴承　7、8—齿轮　9—斜齿圆柱齿轮　12—隔套　13—双列圆柱滚子轴承　15—主轴　16—减振套

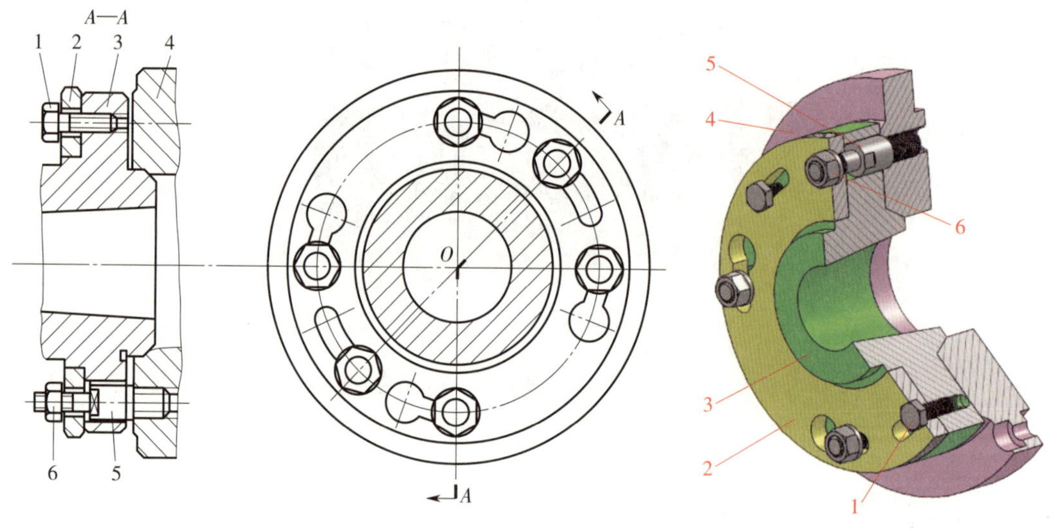

图 2-9　短锥法兰式结构

1—螺钉　2—锁紧盘　3—主轴　4—卡盘座　5—螺栓　6—螺母

2. 传动轴及其轴承的调整

主轴箱内传动轴转速较高，通常采用角接触球轴承或圆锥滚子轴承支承，一般采用二支承结构，对于较长的传动轴，为提高刚度，也可采用三支承结构，如轴Ⅲ的两端各有一个圆锥滚子轴承，中间还有一个深沟球轴承作为附加支承（见图 2-6）。

在传动轴靠箱体外壁一端有轴承间隙调整装置，可通过螺钉、压盖推动轴承外圈，同时调整传动轴两端轴承的间隙。传动轴与齿轮一般通过花键相连接。齿轮的轴向固定通常采用弹性挡圈、隔套、轴肩和半圆环等实现。如图 2-6 中轴Ⅴ上的三个固定齿轮通过左右两端顶在轴承内圈上的挡圈和中间的隔套实现轴向固定。空套齿轮与传动轴之间装有滚动轴承或铜套，如图 2-6 中轴Ⅰ上的齿轮就是通过轴承空套在轴上的。

3. 卸荷式带轮装置

主电动机通过带传动使轴旋转，为提高轴Ⅰ旋转的平稳性，轴Ⅰ上的带轮采用了卸荷结构。如图 2–10 所示，带轮 2 通过螺钉与花键套 1 连成一体，支承在法兰 3 内的两个深沟球轴承上。法兰 3 则用螺钉固定在主轴箱箱体 4 上。当带轮 2 通过花键套 1 的内花键带动轴Ⅰ旋转时，V 带的拉力经轴承、法兰 3 传至箱体，这样轴Ⅰ就免受 V 带拉力，减少了轴的弯曲变形，提高了传动平稳性。

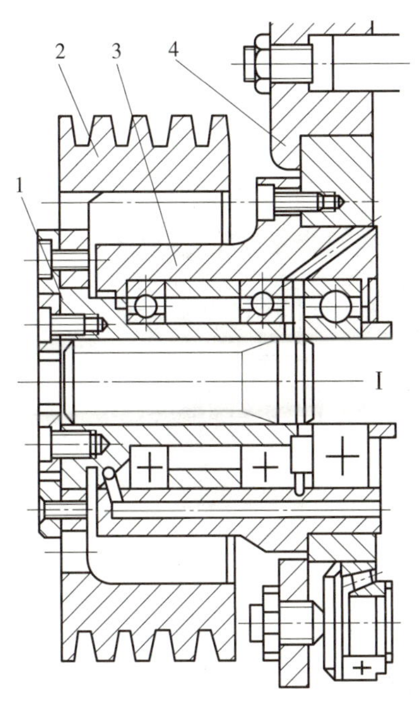

图 2–10　卸荷式带轮装置

1—花键套　2—带轮　3—法兰　4—主轴箱箱体

4. 双向多片式摩擦离合器

如图 2–11 所示，轴Ⅰ上装有双向多片式摩擦离合器，用以控制主轴的启动、停止及换向。轴Ⅰ右半部为空心轴，在其右端安装有可绕销轴 11 摆动的元宝形摆块 12。元宝形摆块下端的弧形尾部卡在拉杆 9 的缺口槽内。

当齿条轴 13 由操纵机构控制，拨动滑套 10 右移时，元宝形摆块 12 绕销轴 11 顺时针摆动，其尾部拨动拉杆 9 向左移动。拉杆通过固定在其左端的长销 6，带动压套 5 和螺母 4 压紧左离合器的内摩擦片 2、外摩擦片 3，从而将轴Ⅰ的运动传至空套其上的齿轮 1，使主轴得以正转。

当滑套 10 向左移动时，元宝形摆块 12 绕销轴 11 逆时针摆动，从而使拉杆 9 通过压套 5、螺母 7，使右离合器内外摩擦片压紧，并使轴Ⅰ的运动传至齿轮 8，再经由安装在轴Ⅶ（见图 2–6）上的中间轮，将运动传至轴Ⅱ（见图 2–6），从而使主轴反转。

当滑套 10 处于中间位置时，左右离合器的内外摩擦片均松开，主轴停转。

摩擦离合器的内外摩擦片在松开时的间隙应适当。间隙太大时无法压紧，摩擦片之间会出现打滑现象，不能传递足够的转矩，影响车床功率的正常传输，切削过程中易产生“闷车”现象，摩擦片容易被磨损；间隙太小时，启动时费力，容易损坏操纵机构中的零件，松开时摩擦片不易脱开，使用过程中会因过热而导致摩擦片被烧坏，而且会使主轴制动不灵。

双向多片式摩擦离合器的松紧可通过螺母 4、7 和弹簧销 14 配合进行调整。用一字旋具将左边（或右边）的弹簧销 14 压入压套 5 的缺口下，同时拨动左边（或右边）的加压套转过 1 ~ 2 个缺口，使加压套相对螺母 4 或 7（4 用于调整左离合器，7 用于调整右离合器）做少量的轴向位移，即可改变摩擦片间的间隙。调整好后弹簧销自动弹起至加压套的缺口中，以防止加压套在工作中松动。

5. 闸带式制动装置

为了在摩擦离合器松开后，克服惯性作用，使主轴迅速制动，在主轴箱轴Ⅳ上装有闸带式制动装置，如图 2–12 所示。制动装置由通过花键与轴Ⅳ连接的制动盘 8、制动带 7、杠杆 4 和调整装置等组成。制动带内侧固定一层钢丝石棉，以增大制动摩擦力矩。制动带一端通过调节螺钉 5 与箱体连接，另一端固定在杠杆上端。当杠杆 4 绕杠杆支承轴 3 逆时针摆动时，拉动制动带 7，使其包紧在制动盘 8 上，并通过制动带与制动轮之间的摩擦力使主轴迅速制动。制动摩擦力矩的大小可用调节螺钉 5 进行调整。

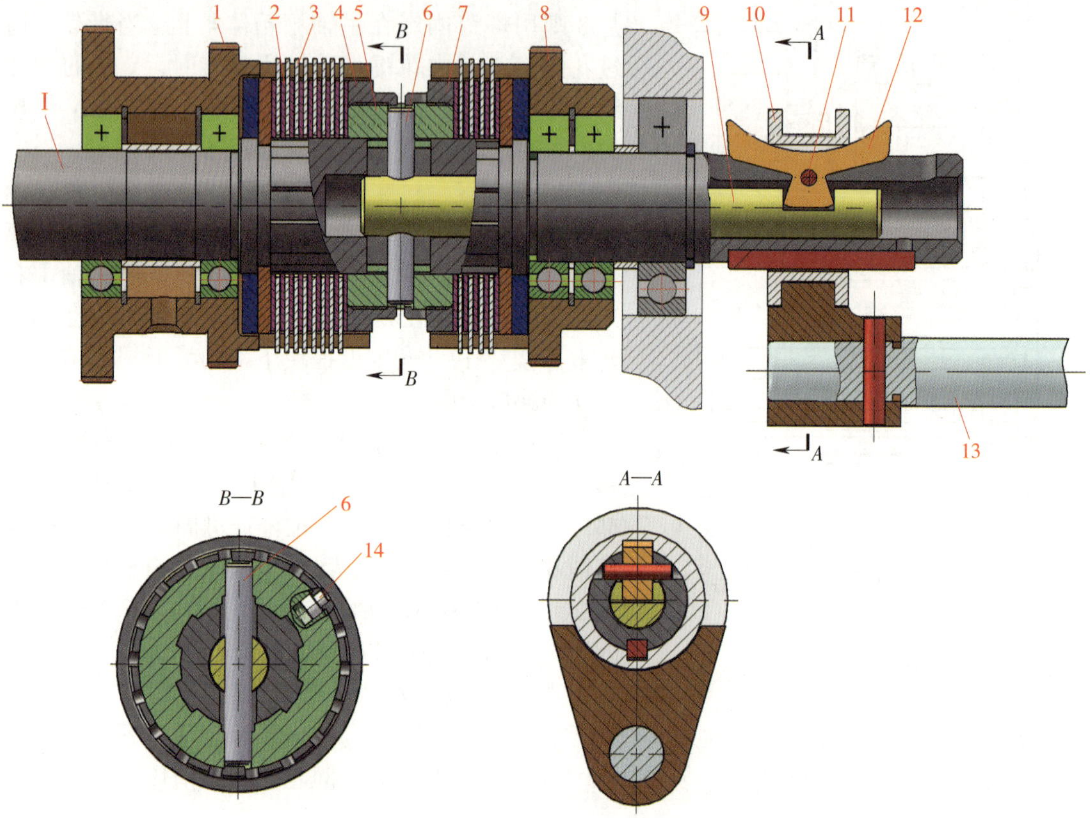

图 2-11 双向多片式摩擦离合器的结构

1、8—齿轮 2—内摩擦片 3—外摩擦片 4、7—螺母 5—压套 6—长销
9—拉杆 10—滑套 11—销轴 12—元宝形摆块 13—齿条轴 14—弹簧销

6. 摩擦离合器和制动装置联动结构的操纵机构

双向多片式摩擦离合器与制动装置采用一套操纵机构控制，以协调两机构的工作，如图 2-13 所示。

摩擦离合器的压紧和松开通过联动结构的操纵机构实现。向上提起手柄 6 时，通过曲柄 5、连杆 4、曲柄 3 使轴 2 和扇形齿轮 1 顺时针转动，带动齿条轴 13 右移，便可压紧左边一组摩擦片，使主轴正转。向下扳动手柄 6 时，右边一组摩擦片被压紧，主轴反转。当手柄在中间位置时，左右两组摩擦片都松开，主轴停止转动。

7. 滑移齿轮的操纵机构

图 2-3 中的主轴箱内轴Ⅲ可通过轴Ⅰ－Ⅱ间双联滑移齿轮机构和轴Ⅱ－Ⅲ间三联滑移齿轮机构得到六级转速。控制这两个滑移齿轮机构的是一个单手柄六级变速操纵机构，如图 2-14 所示。

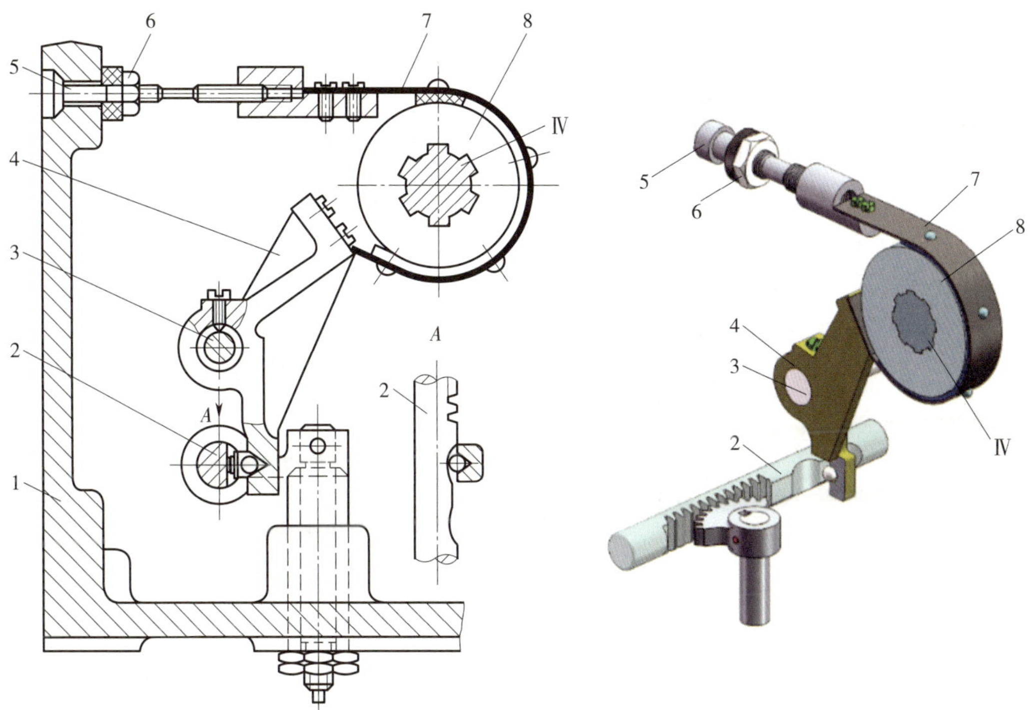

图 2-12　闸带式制动装置

1—主轴箱　2—齿条轴　3—杠杆支承轴　4—杠杆　5—调节螺钉　6—螺母　7—制动带　8—制动盘

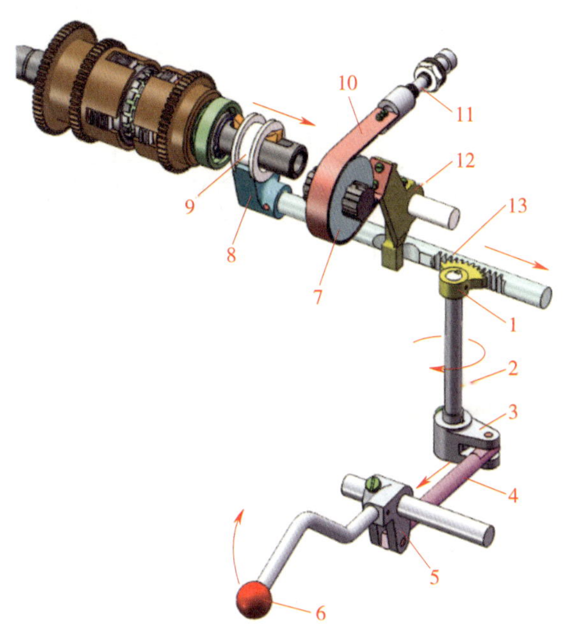

图 2-13　双向多片式摩擦离合器和制动装置的操纵机构

1—扇形齿轮　2—轴　3、5—曲柄　4—连杆　6—手柄　7—制动盘　8—拨叉　9—滑环

10—制动带　11—调整螺钉　12—杠杆　13—齿条轴

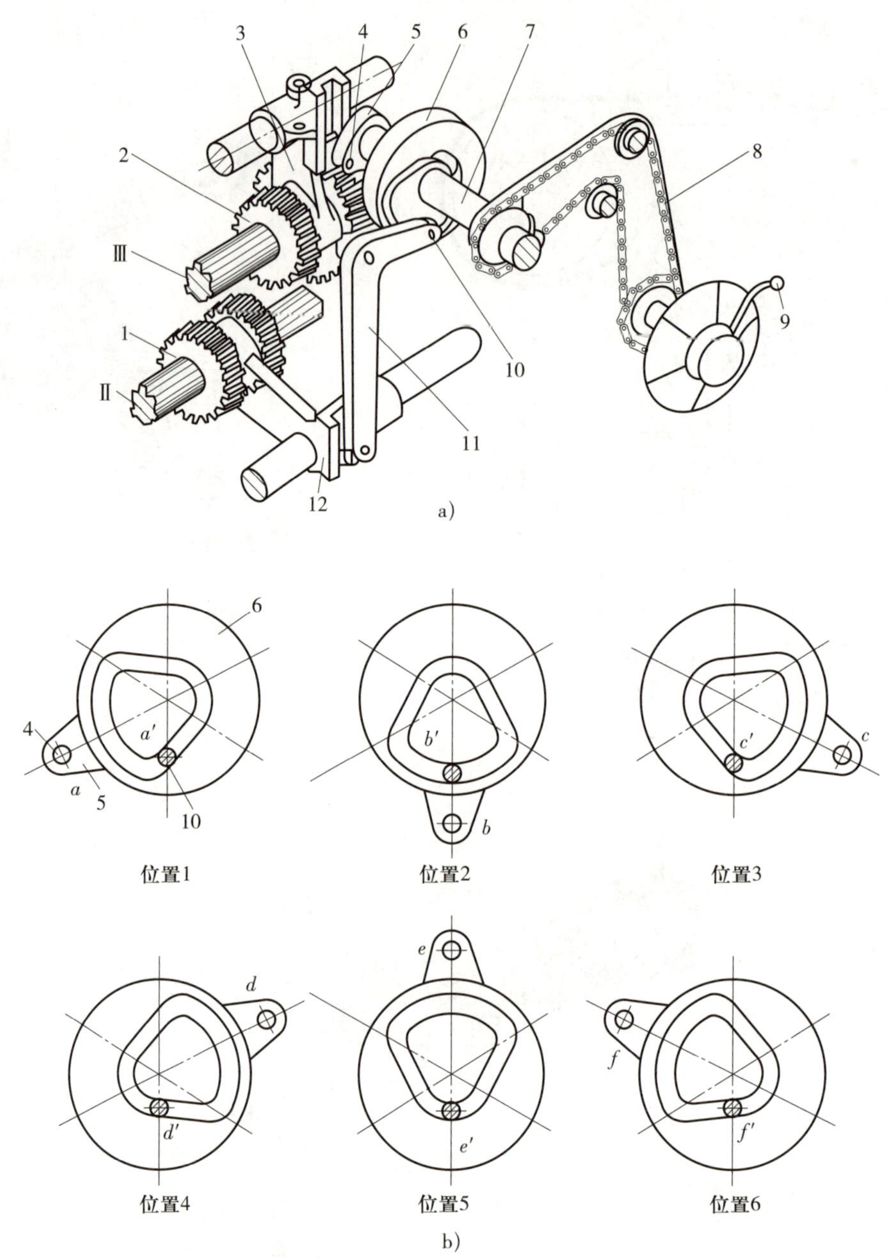

图 2-14　六级变速操纵机构

a）结构示意图　b）销子的位置

1—双联滑移齿轮　2—三联滑移齿轮　3、12—拨叉　4—曲柄销　5—曲柄

6—盘形凸轮　7—轴　8—链条　9—手柄　10—销子　11—杠杆

转动手柄 9，可通过链轮、链条带动装在轴 7 上的盘形凸轮 6 和曲柄 5 上的曲柄销 4 同时转动。手柄 9 和轴 7 的传动比为 1 : 1，因此手柄旋转一周，盘形凸轮 6 和曲柄销 4 也均转过一周。盘形凸轮上的封闭曲线槽由半径不同的两段圆弧和过渡直线组成。杠杆 11 上端有一销子 10 插入盘形凸轮的曲线槽内，下端也有一个销子后面装有滑块，并嵌入拨叉 12 的

槽内。当盘形凸轮 6 上大半径圆弧曲线槽转至杠杆 11 上端销子 10 处时，销子向下移动（见图 2–14b 中位置 1、位置 2、位置 3），带动杠杆顺时针摆动，从而使双联滑移齿轮 1 左位啮合；当盘形凸轮 6 上小半径圆弧曲线槽转至销子 10 处时，销子向上移动（见图 2–14b 中位置 4、位置 5、位置 6），从而使双联滑移齿轮 1 右位啮合。曲柄 5 上的曲柄销 4 上装有滑块，并嵌入拨叉 3 的槽内。轴 7 带动曲柄 5 转动时，曲柄销 4 绕轴 7 转动，并通过拨叉 3 将三联滑移齿轮 2 拨至左、中、右不同位置（见图 2–14b）。每次按顺序将手柄 9 转动 60°，即可通过双联滑移齿轮 1 左、右不同位置与三联滑移齿轮 2 左、中、右三个不同位置的组合，使轴Ⅲ得到六级转速。单手柄操纵六级变速组合情况见表 2–8。

表 2–8　单手柄操纵六级变速组合情况

曲柄 5 上的销子位置	a	b	c	d	e	f
三联滑移齿轮 2 位置	左	中	右	右	中	左
销子 10 位置	a'	b'	c'	d'	e'	f'
双联滑移齿轮 1 位置	左	左	左	右	右	右
齿轮工作情况（见图 2–3、图 2–13）	$\frac{56}{38}\times\frac{39}{41}$	$\frac{56}{38}\times\frac{22}{58}$	$\frac{56}{38}\times\frac{30}{50}$	$\frac{51}{43}\times\frac{30}{50}$	$\frac{51}{43}\times\frac{22}{58}$	$\frac{51}{43}\times\frac{39}{41}$

二、进给箱

进给箱主要由基本螺距机构、增倍机构、变换螺纹种类的移换机构以及丝杠、光杠转换机构等组成。进给箱内主要传动轴以两组同心轴的形式布置，其结构如图 2–15 所示。

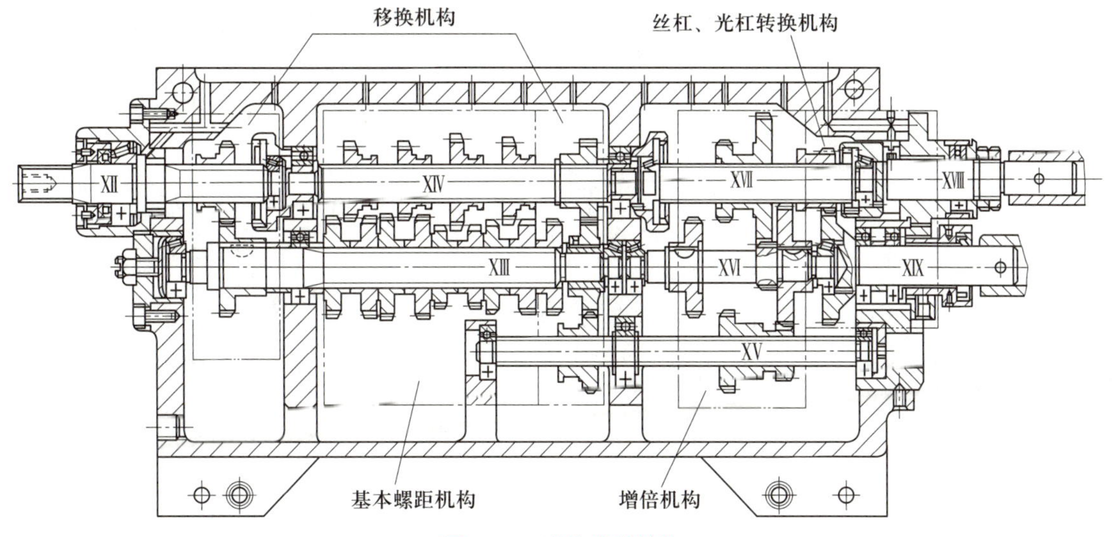

图 2–15　进给箱的结构

1. 进给箱的轴结构及轴承调整

由图 2–15 可知，轴XII、XIV、XVII和丝杠布置在同一轴线上，轴XIV两端以半圆键连接两个内啮合离合器，并以套在离合器上的两个深沟球轴承支承在箱体上。内啮合离合器的孔中安装有圆锥滚子轴承，分别作为轴XII右端和轴XVII左端的支承。轴XVII右端由轴XVIII左端内啮合离合器孔内的圆锥滚子轴承支承。轴XⅧ由固定在箱体上的支架和推力轴承支承，并通过联轴器与丝杠相连。两侧的推力轴承分别承受丝杠工作时所产生的两个方向的轴向力。松开锁紧螺母，然后拧动其左侧的调整螺母，可调整轴XⅧ两侧推力轴承的间隙，以防止丝杠在工作时发生轴向窜动。拧动轴XⅡ左端的螺母，可以通过轴承、内啮合离合器端面以及轴肩使同心轴上所有圆锥滚子轴承的间隙得到调整。

轴XⅢ、XⅥ和XIX组成另一同心轴组。轴XⅢ和XⅥ上的圆锥滚子轴承可通过轴XⅢ左端螺钉进行调整。轴XIX上角接触球轴承可通过右侧调整螺母进行调整。

2. 基本组变速操纵机构

图 2–16 所示为基本组变速操纵机构的工作原理图。轴XIV上四个滑移齿轮（见图 2–15）由一个手轮 6 通过四个杠杆 2 集中操纵。杠杆 2 一端装有拨叉 1，嵌在滑移齿轮的环形槽内。杠杆摆动时，可通过拨叉使滑移齿轮换位。杠杆 2 的另一端装有长销 5。四个长销穿过进给箱前盖，插入手轮 6 内侧的环形槽内，并在圆周上均匀分布。手轮环形槽上有两个间隔 45°、直径略大于槽宽的圆孔 C 和 D。在孔内分别装有带内斜面的压块 10 和带外斜面的压块 11（见图 2–16 操作示意 1）。每次变速时，手轮转动角度为 45°或其倍数，这样，总有一个（也只能有一个）压块压向四个长销中的一个。当压块 10 或压块 11 转至某一长销处时，则迫使长销沿径向外移（见图 2–16 操作示意 3）或内移（见图 2–16 操作示意 4），并经杠杆、拨叉使相应的滑移齿轮根据杠杆旋转方向移到左边或右边的啮合位置。未被压块压动的三个长销均位于环形槽内，此时与其相应的滑移齿轮位于中间，不与轴XⅢ上的齿轮啮合（见图 2–16 操作示意 2）。

需变速时，先将手轮 6 向右拉出，使定位螺钉 9 处于 A 槽位置（见图 2–16 操作示意 5），然后才能转动手轮。手轮转至需要的位置后，再将其推回原来的位置，在推回过程中使压块 10 或压块 11 压向某一长销，从而实现变速。轴 8 上加工有八条轴向 V 形定位槽，可通过定位螺钉 9 对手轮进行周向定位。手轮的轴向定位由钢球 7 嵌入轴 8 左端的环形槽内实现。

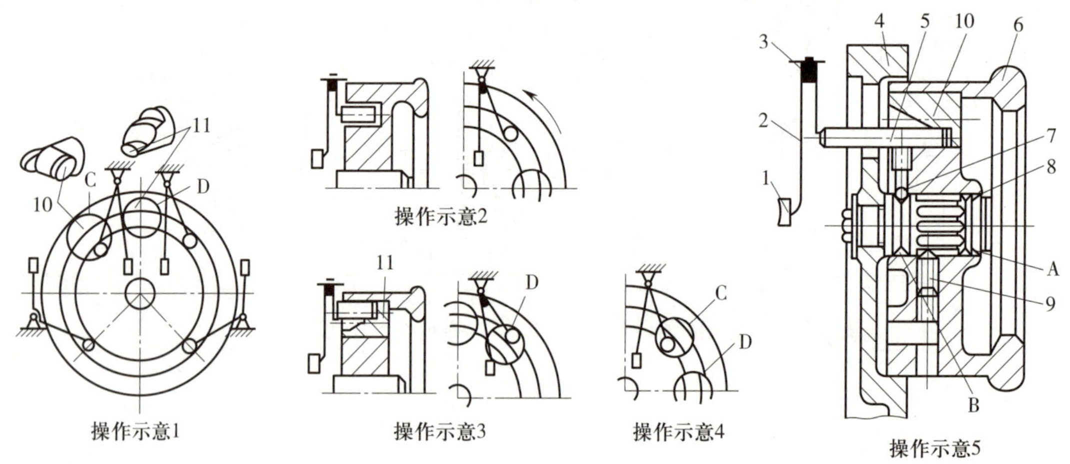

图 2–16　基本组变速操纵机构的工作原理图

1—拨叉　2—杠杆　3—杠杆回转支点　4—前盖　5—长销　6—手轮　7—钢球　8—轴
9—定位螺钉　10、11—压块　A、B—V 形槽　C、D—圆孔

三、溜板箱

溜板箱内包含以下机构：实现刀架快慢移动转换的单向超越离合器，起过载保护作用的安全离合器，接通、断开丝杠传动的开合螺母机构，接通、断开及转换纵横向机动进给运动的操纵机构，以及避免运动互相干涉的互锁机构。

1. 单向超越离合器

为了节省辅助时间及简化操作动作，在刀架快速移动过程中，光杠仍可继续转动而不必脱开进给运动传动链。这时，为了避免光杠和快速电动机同时驱动同一运动部件而将其损坏，在溜板箱中使用单向超越离合器 M_6。

图 2-17 所示为 CA6140 型卧式车床安全离合器和单向超越离合器的结构。单向超越离合器装在齿数为 56 的齿轮（即外环 6）与轴XX上，由外环 6、三个滚柱 8、三个弹簧 14 和星形体 5 组成。星形体 5 空套在轴XX上，而齿数为 56 的齿轮又空套在星形体 5 上。

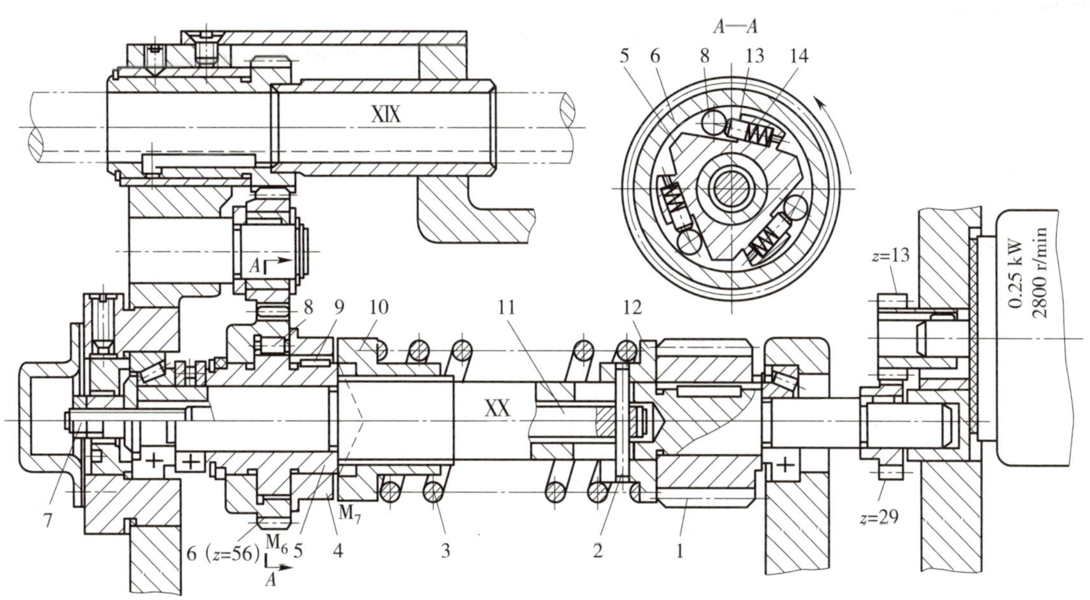

图 2-17 安全离合器和单向超越离合器的结构

1—蜗杆 2—锥销 3、14—弹簧 4—安全离合器左半部 5—星形体 6—外环 7—XX轴 8—滚柱 9—键 10—安全离合器右半部 11—调节拉杆 12—弹簧座 13—推块

当刀架机动进给时，由光杠传来的运动通过单向超越离合器传给安全离合器后再传至轴XX。这时，齿数为 56 的齿轮按图示的逆时针方向旋转，三个短圆柱滚柱 8 分别在弹簧 14 的弹力和滚柱 8 与外环 6 间的摩擦力作用下，楔紧在外环 6 和星形体 5 之间，外环 6 通过滚柱 8 带动星形体 5 一起转动，于是运动便经安全离合器传至轴XX。这时若将进给操纵手柄扳到相应的位置，便可使刀架做相应的纵向或横向进给。

当按下快速电动机启动按钮使刀架快速移动时，运动由齿轮副 13/29 传至轴XX，轴XX和星形体 5 得到一个与齿数为 56 的齿轮转向相同，而转速却快得多的旋转运动。结果，滚柱 8 与外环 6 之间的摩擦力使滚柱 8 压缩弹簧 14 而向凹槽的宽端滚动，从而脱开外环 6 与星形体 5（以及轴XX）之间的传动联系。

这时，虽然光杠XIX和齿数为 56 的齿轮仍在旋转，但不再传动至轴XX。当快速电动机停止转动时，在弹簧 14 和摩擦力的作用下，滚柱 8 又楔紧在外环 6 和星形体 5 之间，光杠传来的运动又正常接通。

由以上分析可知，单向超越离合器主要用于有快、慢两个运动交替传动的轴上，以实现运动快速、慢速的自动转换。由于 CA6140 型卧式车床使用的是单向超越离合器，因此，要求光杠和快速电动机都只能做单方向转动。若光杠反向旋转，则不能实现纵向或横向机动进给；若快速电动机反向旋转，则单向超越离合器不起超越作用。

2. 安全离合器

机动进给时，如果进给力过大或刀架移动受阻，则有可能损坏机床部件。为此，在进给链中设有安全离合器 M_7 使进给运动自动停止。

在图 2–17 中，单向超越离合器的星形体 5 空套在轴XX上。安全离合器左半部 4 用键固定在星形体上，安全离合器右半部 10 经花键与轴XX相连。正常情况下，安全离合器的左右半部由弹簧 3 压紧在一起，运动经安全离合器左右半部间的齿和外环 6 传给轴XX。由于安全离合器左右半部之间是螺旋形端面齿，故倾斜的接触面在传递转矩时产生轴向力，这个力靠弹簧 3 平衡，如进给力过大或刀架移动受阻，轴向力克服弹簧的弹力而使离合器的左右半部脱开啮合，刀架停止进给。

安全离合器的工作原理如图 2–18 所示，它是一种过载保护机构，可使机床的传动零件在过载时自动断开传动，以免机构发生损坏。

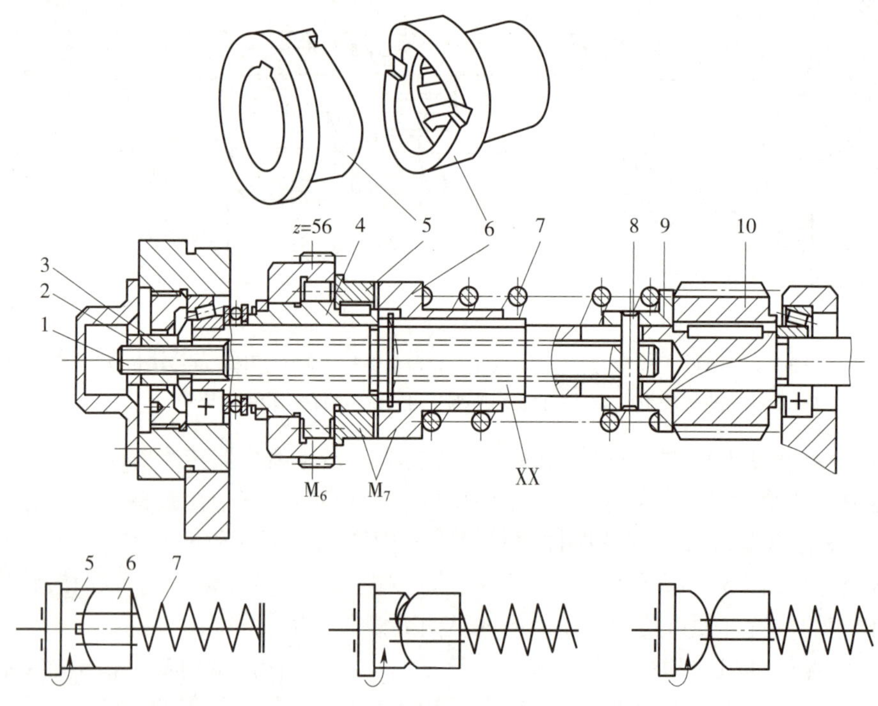

图 2–18　安全离合器的工作原理

1—拉杆　2—锁紧螺母　3—调整螺母　4—超越离合器的星形体　5—安全离合器左半部　6—安全离合器右半部　7—弹簧　8—圆柱销　9—弹簧座　10—蜗杆

3. 开合螺母机构

开合螺母机构的功用是接通及断开从丝杠传来的运动。车削螺纹和蜗杆时，将开合螺母合上，丝杠通过开合螺母带动溜板箱和螺纹车刀运动。

开合螺母机构的结构如图 2–19a 所示，其上下两个半螺母 1 和 2 装在溜板箱后壁的燕尾形导轨中，可上下移动。上下半螺母的背面各装有一个圆柱销 3，其伸出端分别嵌在槽盘 4 的两条曲线槽中。当顺时针转动手柄 6 时，可通过轴 7 使槽盘 4 顺时针转动。

从图 2–19b 可以看出，当槽盘 4 顺时针转动时，曲线槽迫使两圆柱销 3 互相靠近，从而带动上下半螺母合拢，使其与丝杠啮合，刀架便由丝杠螺母副经溜板箱带动进给。当槽盘

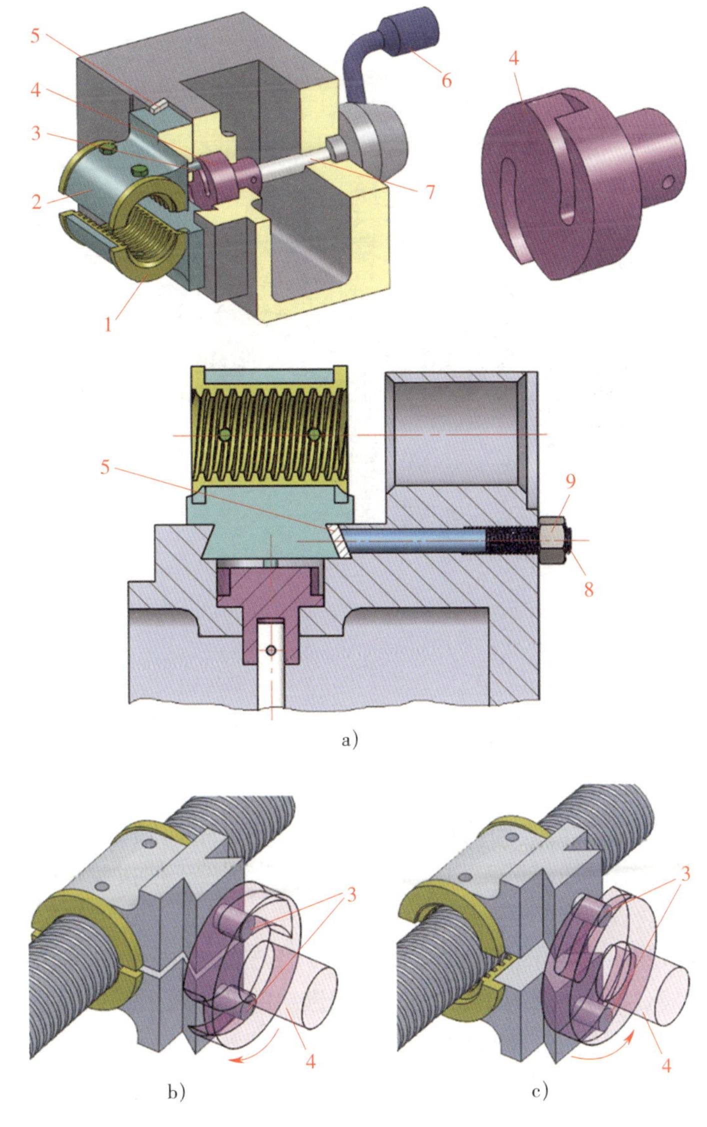

图 2–19　开合螺母机构

a）结构图　b）槽盘顺时针转动　c）槽盘逆时针转动

1、2—半螺母　3—圆柱销　4—槽盘　5—镶条　6—手柄　7—轴　8—螺钉　9—螺母

4 逆时针转动时，曲线槽通过圆柱销 3 使两个半螺母相互分离（见图 2-19c），两个半螺母与丝杠脱开，刀架便停止进给。

4. 纵横向机动进给操纵机构

图 2-20 所示为纵横向机动进给操纵机构。纵横向机动进给的接通、断开及换向由一个手柄集中操纵。手柄 1 通过销轴 2 与轴向固定的轴 22 相连接。向左或向右扳动手柄时，手柄下端 3 的缺口通过球头销 4 拨动轴 5 实现轴向移动，然后经杠杆 8、连杆 9、偏心销 11 使凸轮 10 转动。凸轮上的曲线槽通过圆销 12、轴 13 和拨叉 14，拨动离合器 M_8 与空套在轴XXII上的两个空套齿轮之一啮合，从而接通纵向机动进给，并使刀架向左或右移动。

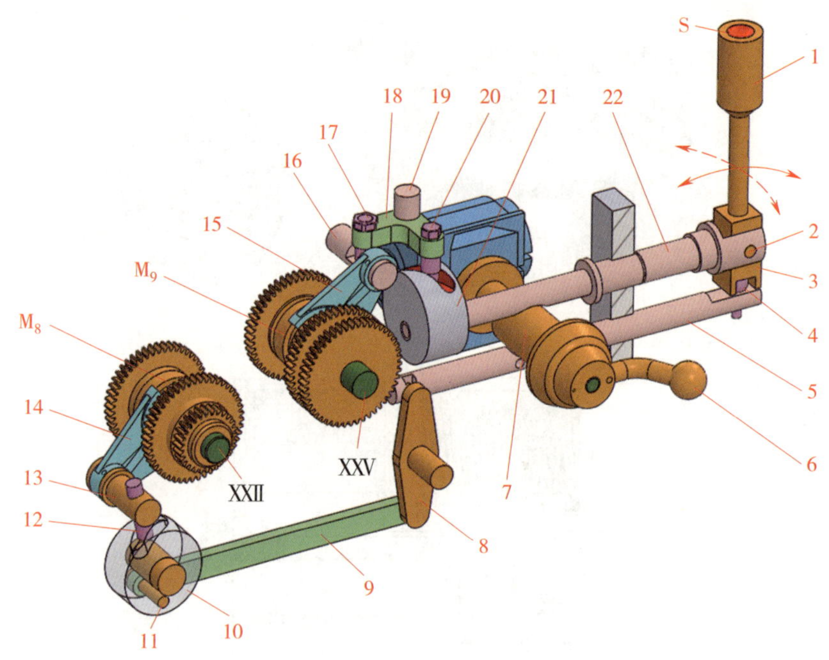

图 2-20　纵横向机动进给操纵机构

1—手柄　2—销轴　3—手柄下端　4—球头销　5、7、13、16、19、22—轴　6—开合螺母手柄
8、18—杠杆　9—连杆　10、21—凸轮　11—偏心销　12、17、20—圆销　14、15—拨叉

当需要做横向进给运动时，向前或向后扳动手柄 1，带动轴 22 以及固定在其左端的凸轮 21 转动，其上的曲线槽通过圆销 20、杠杆 18 和圆销 17，使拨叉 15 拨动离合器 M_9，从而接通横向机动进给，使刀架向前或向后移动。

纵横向机动进给操纵机构手柄的扳动方向与刀架进给方向一致，为使用带来方便。手柄在中间位置时，两离合器均处于中间位置，机动进给断开。按下操纵手柄顶端的按钮 S，就接通快速电动机，可使刀架按手柄位置确定的进给方向快速移动。由于超越离合器的作用，即使在机动进给时，也可使刀架快速移动，而不会发生运动干涉。

5. 互锁机构

溜板箱中设有互锁机构，以防止同时将丝杠和纵横向机动进给（或快速移动）接通而损坏机床。机床工作时，应确保开合螺母合上时，机动进给不能接通；反之，机动进给接通时，开合螺母不能合上。

图 2-21 所示为互锁机构工作原理图，互锁机构由开合螺母操纵手柄轴 5 上的凸肩 a、固定套 4、球头销 3 和弹簧销 2 等组成。图 2-21a 是合上开合螺母的情况，这时由于轴 5 转过一个角度，它的凸肩 a 嵌入轴 6 的槽中，将轴 6 卡住，使之不能转动，同时，凸肩 a 又将装在固定套 4 径向孔中的球头销 3 往下压，使它的下端插入轴 1 的销孔中，另一端在固定套中，将轴 1 锁住，使之不能移动。因此，这时纵横向机动进给都不能接通。图 2-21b 是接通纵向进给运动或纵向快速移动时，轴 1 移动后的情况，此时，由于轴 1 移动了位置，轴上的径向孔不再与球头销 3 对准，使球头销 3 不能向下移动，因此轴 5 被锁住而无法转动，开合螺母不能合上。图 2-21c 是接通横向进给运动或横向快速移动时，轴 6 转动后的情况，此时，由于轴 6 转动了位置，其上的沟槽不再对准轴 5 上的凸肩 a，使轴 5 无法转动，开合螺母也不能合上。

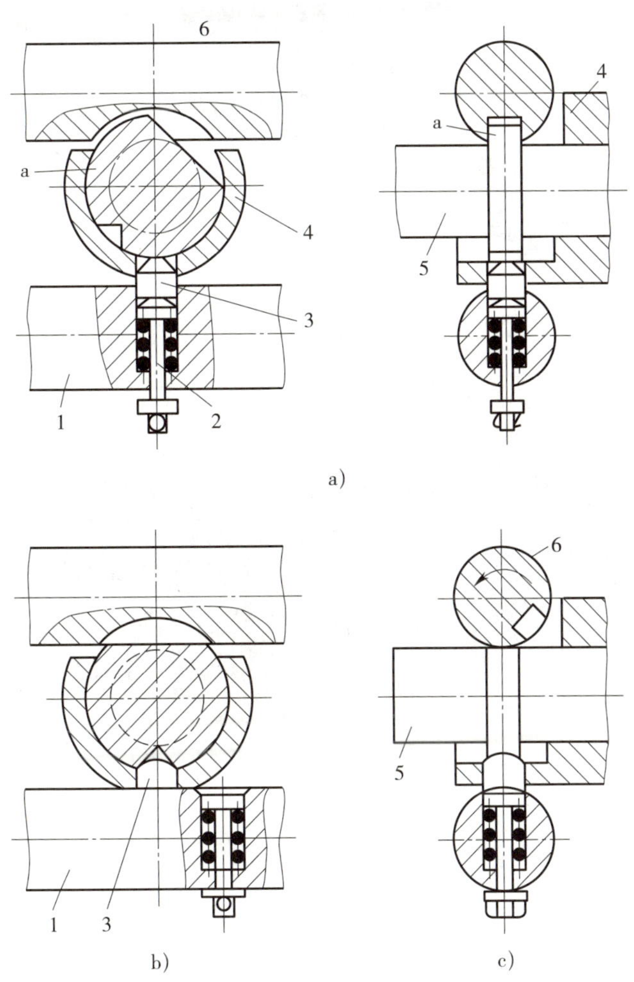

图 2-21　互锁机构工作原理图

a）合上开合螺母　b）接通纵向进给运动或纵向快速移动　c）接通横向进给运动或横向快速移动

1、5、6—轴　2—弹簧销　3—球头销　4—固定套

四、横向进给机构

如图 2–22a 所示，横向进给机构的作用是通过丝杠 7 和螺母 6 组成的螺旋传动将机动或手动进给传至刀架获得横向进给运动。

横向进给丝杠采用可调的双螺母结构，如图 2–22b 所示，螺母固定在横向滑板 5 的底面上，它由分开的两部分 1 和 6 组成，中间用楔块 8 隔开。当磨损致使丝杠螺母之间的间隙过大时，可将螺母 1 的紧固螺钉 2 松开，然后拧动楔块 8 上的螺钉 3，将楔块 8 向上拉紧，依靠斜楔的作用将螺母 1 向左挤，使螺母 1 与丝杠之间产生相对位移，减小螺母与丝杠的间隙。间隙调好后，拧紧螺钉 2 将螺母固定。

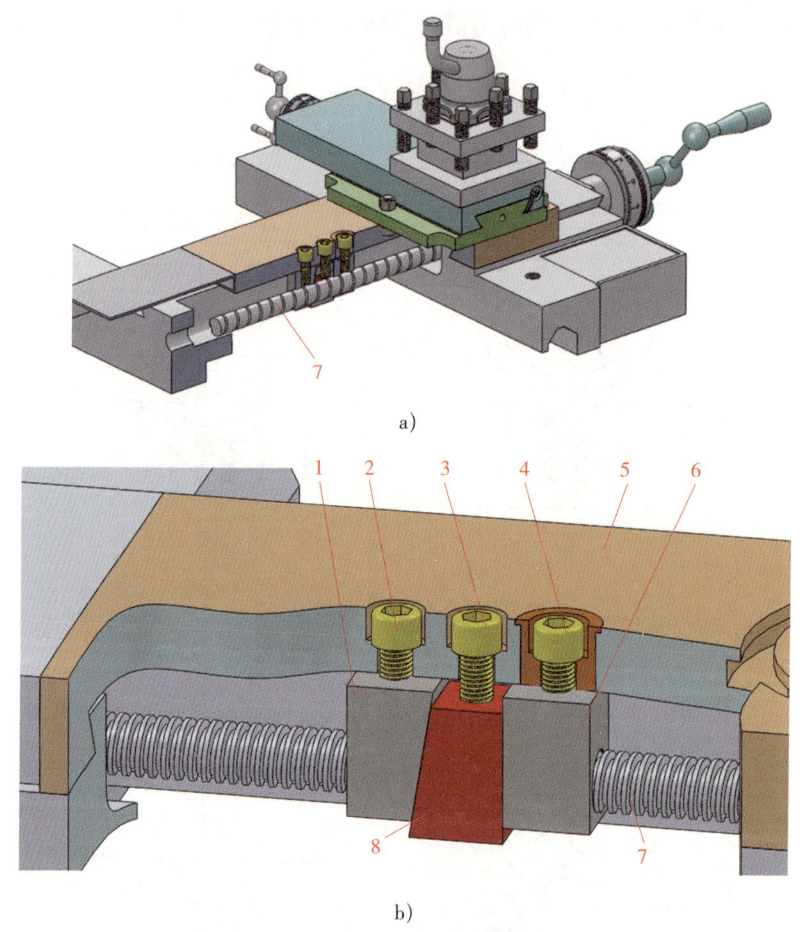

图 2–22　横向进给机构

a）横向进给丝杠　b）可调双螺母结构

1、6—螺母　2、3、4—螺钉　5—横向滑板　7—丝杠　8—楔块

五、尾座

尾座装在床身的尾座导轨上，它可以根据工件的长短调整纵向位置，如图 2–23 所示。位置调整妥当后，向后拉动快速紧固手柄 8，通过偏心轴及拉杆 10，可将尾座夹紧在床身导

轨上。为了将尾座紧固得更牢固可靠，可拧紧螺母 6，这时螺母 6 通过螺栓 11 用压板 14 将尾座夹紧在床身导轨上。后顶尖 1 安装在尾座套筒 3 的锥孔中。尾座套筒 3 装在尾座体的孔中，并由半圆键 15 导向，所以它只能轴向移动，不能转动。摇动手轮 9 可使尾座套筒 3 纵向移动。当尾座套筒移至所需位置后，可用尾座套筒锁紧手柄 4 转动螺杆 17，通过夹紧块 16 和 18 来拉紧套筒，从而将尾座套筒夹紧。如需要卸下顶尖，可转动手轮 9，使尾座套筒 3 后退，直到丝杠 5 的左端顶住后顶尖，将后顶尖从锥孔中顶出。

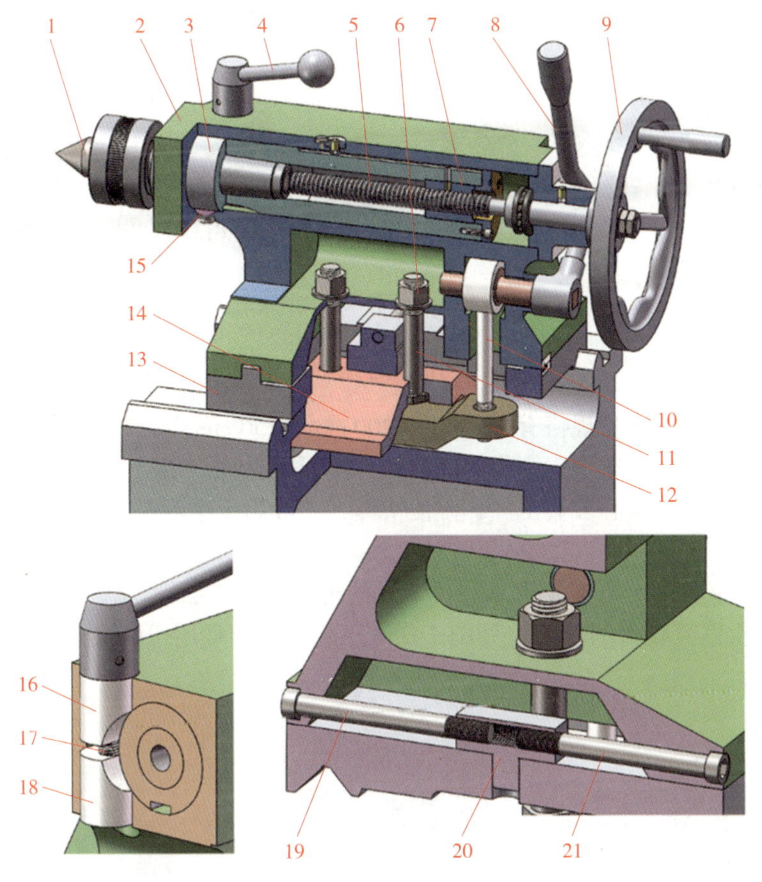

图 2-23 尾座结构图

1—后顶尖 2—尾座体 3—尾座套筒 4—尾座套筒锁紧手柄 5—丝杠 6、20—螺母 7—丝杠螺母 8—快速紧固手柄 9—手轮 10—拉杆 11—螺栓 12—夹紧板 13—尾座底板 14—压板 15—半圆键 16、18—夹紧块 17—螺杆 19、21—调整螺钉

在车削加工中，也可将钻头等孔加工刀具装在尾座套筒的锥孔中。这时，转动手轮 9，借助丝杠 5 和螺母 6 的传动，使尾座套筒 3 带动钻头等孔加工刀具纵向移动，进行孔的加工。

调整螺钉 19 和 21 用于调整尾座体 2 的横向位置，也就是调整后顶尖中心线在水平面内的位置，使它与主轴中心线重合，或用于车削锥度较小的锥面（工件由前后顶尖支承）。

第四节 CA6140 型卧式车床的常用附件

一、三爪自定心卡盘

三爪自定心卡盘的结构如图 2-24 所示。用卡盘扳手插入小锥齿轮 3 端部的方孔中，转动扳手使小锥齿轮转动，并带动大锥齿轮 4 回转。大锥齿轮背面上的平面螺纹 5 与卡爪 6 的端面螺纹相啮合，大锥齿轮回转时，平面螺纹带动与其啮合的三个卡爪沿径向同时做向心或离心移动。

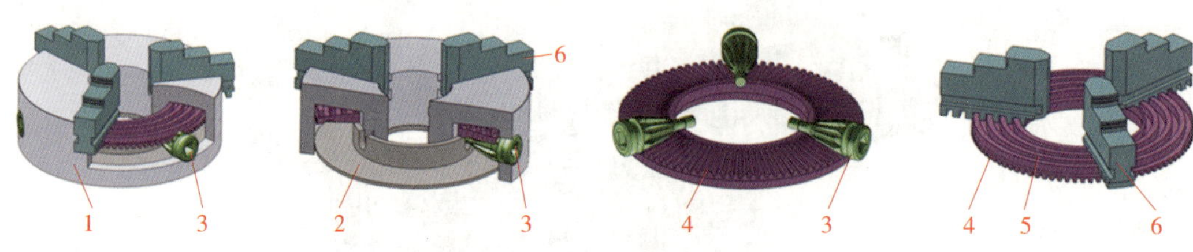

图 2-24 三爪自定心卡盘的结构

1—卡盘壳体 2—防尘盖板 3—小锥齿轮 4—大锥齿轮 5—平面螺纹 6—卡爪

常用的三爪自定心卡盘规格有 150 mm、200 mm、250 mm 等。

三爪自定心卡盘是车床上应用最为广泛的一种通用夹具，用以装夹工件并随主轴一起旋转做主运动，能够自动定心装夹工件，方便快捷，一般用于精度要求不是很高、形状规则的中小型工件的装夹。

三爪自定心卡盘的卡爪有正卡爪和反卡爪两种，如图 2-25 所示。正卡爪用于装夹外圆直径较小和内孔直径较大的工件（见图 2-25a、b），反卡爪用于装夹外圆直径较大的工件（见图 2-25c）。

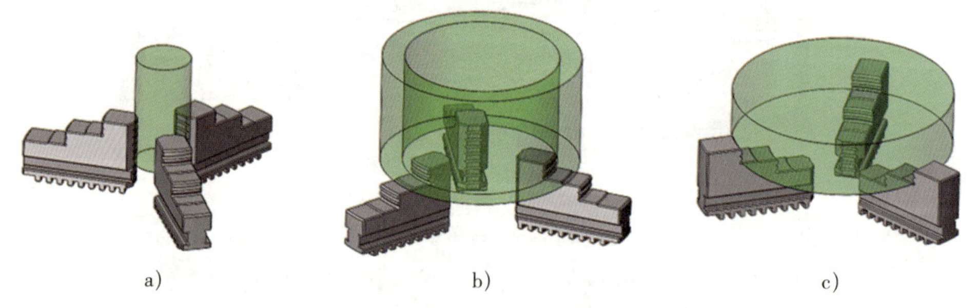

图 2-25 三爪自定心卡盘的正卡爪、反卡爪

a）正卡爪装夹外圆直径较小的工件 b）正卡爪装夹内孔直径较大的工件

c）反卡爪装夹外圆直径较大的工件

二、四爪单动卡盘

如图 2-26 所示，四爪单动卡盘有四个各自独立运动的卡爪，各卡爪背面都有半圆弧形螺纹与螺杆啮合，每个螺杆的顶端都有方孔，将卡盘钥匙的方榫插入方孔并转动钥匙，便可

通过螺杆带动卡爪单独移动，以适应夹持不同大小工件的需要。通过四个卡爪的相互配合，可将工件装夹在卡盘中。

四爪单动卡盘的找正比较费时，但夹紧力大，适用于装夹大型或形状不规则的工件，如图 2–27 所示。

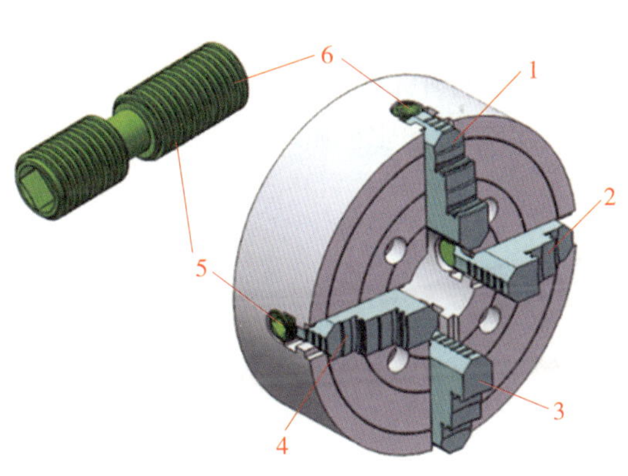

图 2–26　四爪单动卡盘

1、2、3、4—卡爪　5、6—螺杆

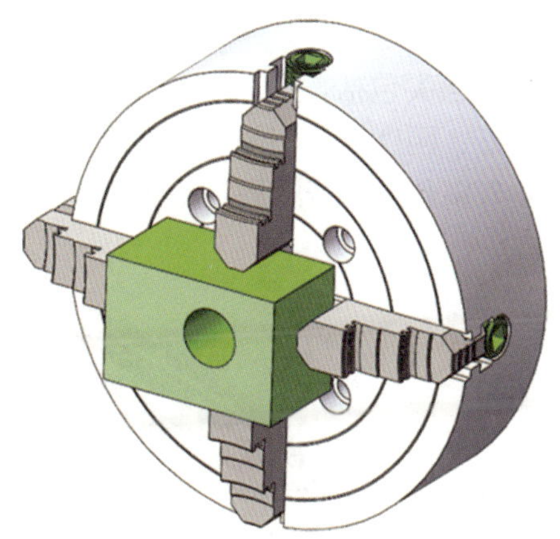

图 2–27　四爪单动卡盘装夹工件

三、顶尖

在车床上加工轴类工件，往往用顶尖来装夹工件，如图 2–28 所示，将轴架在前后两个顶尖上，前顶尖装在主轴孔内并和主轴一起转动，后顶尖装在尾座套筒内，前后顶尖就确定

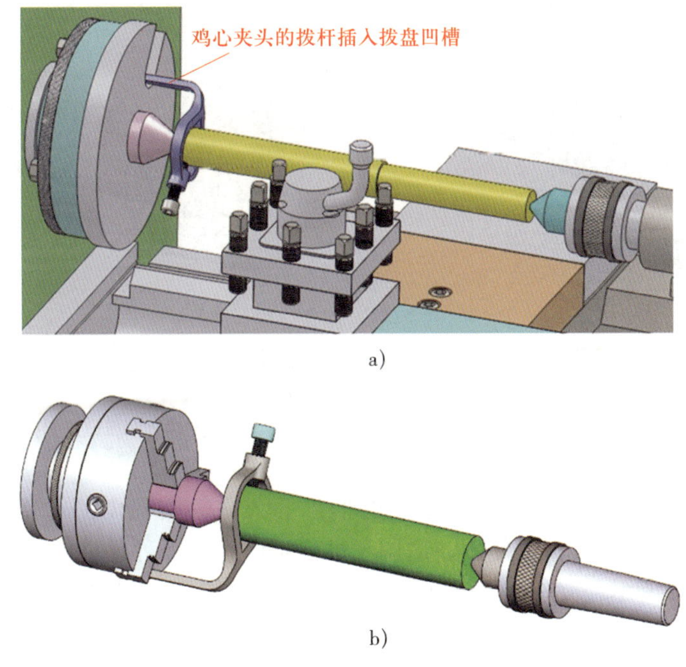

图 2–28　两顶尖装夹轴类工件

a）鸡心夹头拨杆插入拨盘凹槽　b）鸡心夹头拨杆靠向卡爪

了轴的轴向位置。再将鸡心夹头卡在轴端上，鸡心夹头的拨杆插入拨盘的凹槽中或靠在卡盘卡爪的侧面，通过拨盘或卡盘的转动带动工件一起转动。

1. 后顶尖

插入尾座套筒锥孔中的顶尖称为后顶尖，后顶尖分为固定顶尖和回转顶尖两类。

（1）固定顶尖

固定顶尖包括普通固定顶尖和镶硬质合金固定顶尖，如图 2–29 所示。固定顶尖的优点是定心好，刚度高，切削时不易产生振动，缺点是与工件中心孔之间有相对运动，容易磨损和产生较多热量。普通固定顶尖用于低速切削，镶硬质合金固定顶尖可用于高速切削。

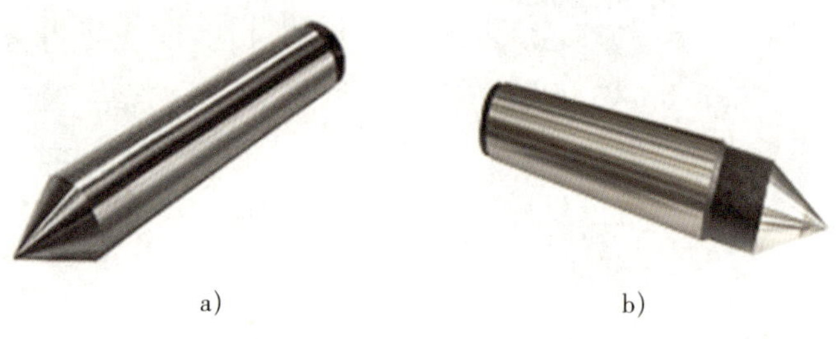

a）　　　　b）

图 2–29　固定顶尖

a）普通固定顶尖　b）镶硬质合金固定顶尖

（2）回转顶尖

回转顶尖如图 2–30 所示，它将顶尖与中心孔之间的滑动摩擦转变成顶尖内部轴承的滚动摩擦，克服了固定顶尖容易磨损和产生较多热量的缺点，可以承受很高的转速，但其定心精度不如固定顶尖高，刚度也稍低。

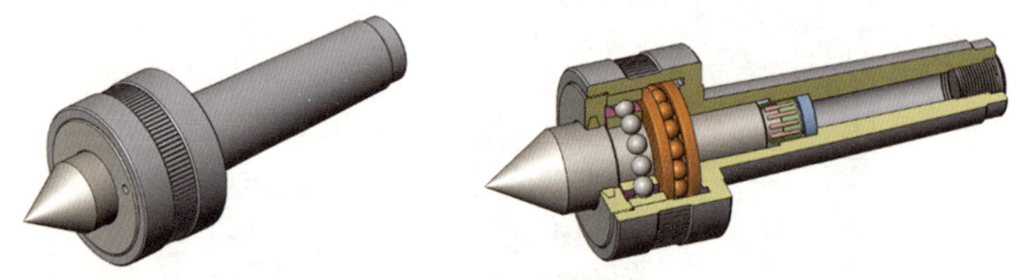

图 2–30　回转顶尖

2. 前顶尖

前顶尖是安装在主轴上的顶尖，它随主轴和工件一起转动。因此，前顶尖与工件中心孔无相对运动，不产生摩擦。

前顶尖有两种类型。一种是以带锥度的柄部插入主轴锥孔内的前顶尖，如图 2–31 所示，这种顶尖装夹牢靠，可重复使用，适用于批量生产。另一种是夹在三爪自定心卡盘上的前顶尖，如图 2–32 所示，是一种可在卡盘上夹持一段钢料，车削成锥角 $2\alpha=60°$ 的顶尖。这种顶尖的优点是制造、装夹方便，定心准确，缺点是顶尖的硬度较低，容易磨损，车削中若受到冲击，容易发生位移。其只适用于小批量生产，且顶尖自卡盘上取下后，如需再次装夹使用，必须修整顶尖的锥面，以保证锥面轴线与主轴轴线重合。

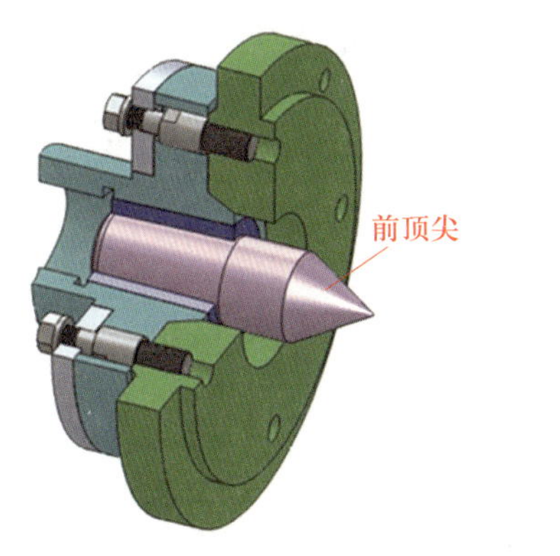

图 2–31　前顶尖 1

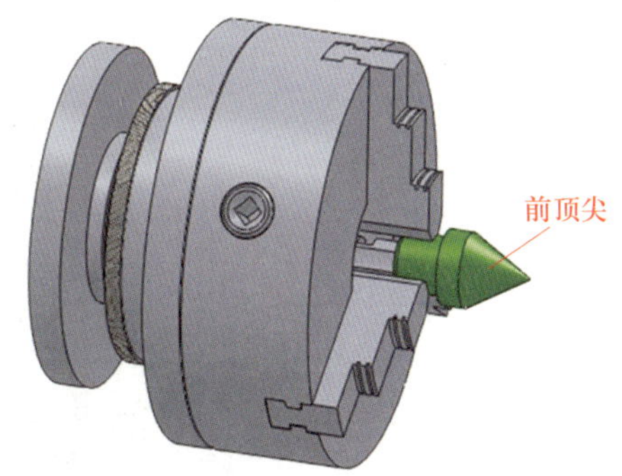

图 2–32　前顶尖 2

四、中心架和跟刀架

1. 中心架

中心架是车床的附件，在车削刚度低的细长轴，或是不能穿过车床主轴孔的粗长工件以及孔与外圆同轴度精度要求较高的较长工件时，往往采用中心架来提高刚度和保证同轴度，如图 2–33 所示。

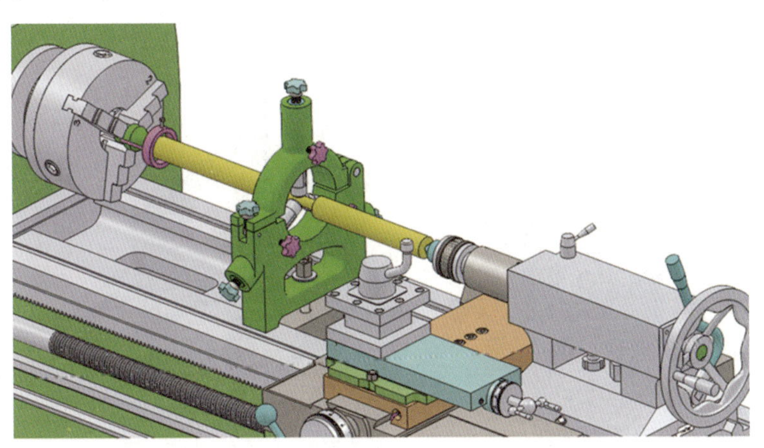

图 2–33　中心架支承在工件中间车削细长轴

（1）普通中心架

普通中心架的结构如图 2–34 所示。普通中心架工作时，架体 1 通过压板 8 和螺母 7 紧固在床身上，上盖 4 可以打开或扣合，并用防松螺钉 6 锁定。支撑爪 3 的进退分别用三个调整螺钉 2 来调整，以适应不同直径的工件，并分别用三个紧固螺钉 5 紧固。

（2）滚动轴承中心架

如图 2–35 所示，滚动轴承中心架的结构与普通中心架相同，区别在于支撑爪前端有三个滚动轴承，以滚动摩擦代替滑动摩擦。其优点是能高速车削，不会研伤工件表面；缺点是同轴度误差较大。

中心架的支撑爪是易损件，磨损后可以更换，其材料应选用耐磨性好、不易研伤工件的材料，通常采用青铜、球墨铸铁、胶木、尼龙 1010 等材料。

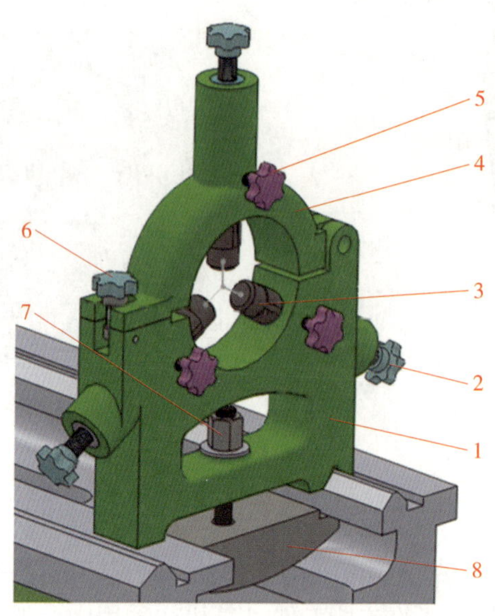

图 2-34　普通中心架的结构

1—架体　2—调整螺钉　3—支撑爪　4—上盖　5—紧固螺钉　6—防松螺钉　7—螺母　8—压板

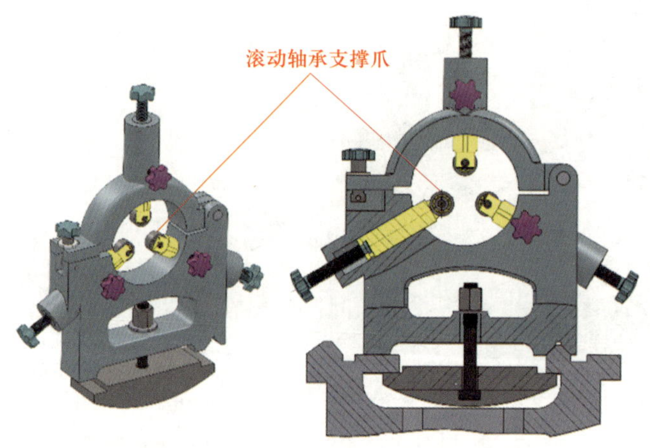

图 2-35　滚动轴承中心架的结构

提示：使用中心架支承车削细长轴的关键是使中心架与工件表面接触的三个支撑爪所决定的圆的圆心必须在车床主轴的回转轴线上。

2. 跟刀架

跟刀架是车床的常用附件之一。对于直径一致的细长光轴和长丝杠，采用跟刀架支承能有效提高其加工刚度。图 2-36 所示为用跟刀架支承车削细长轴，跟刀架 3 固定在床鞍上，其支撑爪支承在细长轴 1 上，跟在车刀 2 的后面，并随车刀的进给而移动，从而抵消切削时产生的背向力，提高工件的刚度，减小变形和振动，提高细长轴的加工精度并减小表面粗糙度值。

（1）跟刀架的种类

常用的跟刀架有两爪跟刀架和三爪跟刀架两种，如图 2-37 所示。

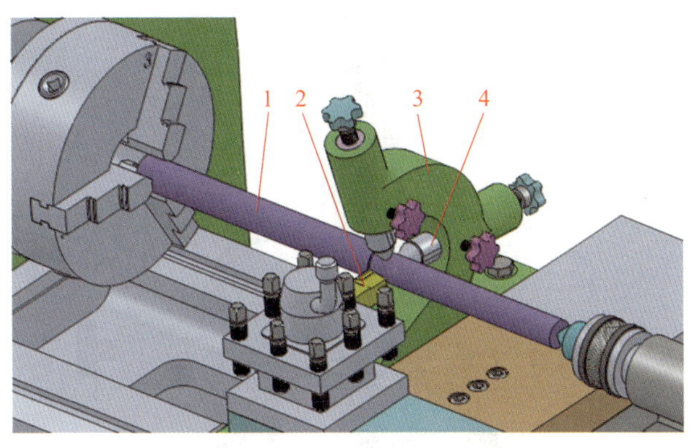

图 2-36　用跟刀架支承车削细长轴

1—细长轴　2—车刀　3—跟刀架　4—支撑爪

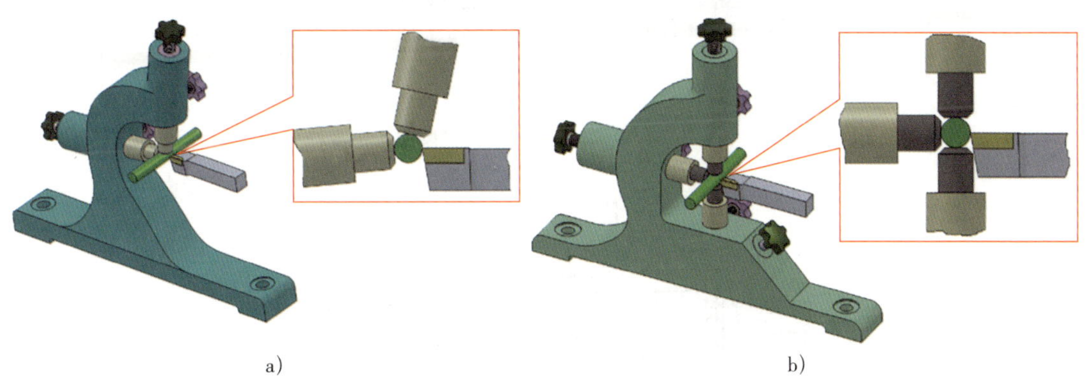

图 2-37　跟刀架的种类

a）两爪跟刀架　b）三爪跟刀架

（2）三爪跟刀架的结构

三爪跟刀架的结构如图 2-38 所示。

支撑爪 1、2 的径向移动可直接通过旋转相应的手柄实现；支撑爪 3 的径向移动可通过旋转手柄 4，使锥齿轮 5 转动，带动锥齿轮 6 使丝杆 7 转动来实现。

五、心轴

车削中小型的轴套、带轮和齿轮等工件时，一般可用已加工好的工件内孔为定位基准，并根据内孔配置一根合适的心轴，再将套装工件的心轴支顶在车床上，精加工工件的外圆、端面等。常用的心轴有实体心轴和胀力心轴等。

1. 实体心轴

实体心轴分不带台阶和带台阶两种。不带台阶的实体心轴又称小锥度心轴（见图 2-39a），其锥度 C 为 1∶5 000 ~ 1∶1 000，这种心轴的特点是制造容易，定心精度高，但其轴向无法定位，承受切削力小，工件装卸时不太方便。带台阶的实体心轴简称台阶心轴，如图 2-39b 所示，其配合圆柱面与工件孔保持较小的配合间隙，工件靠螺母压紧，常用来一次装夹多个工件。若装上开口垫圈，台阶心轴装卸工件会更加方便，但其定心精度较低，只能保证 0.02 mm 左右的同轴度公差。

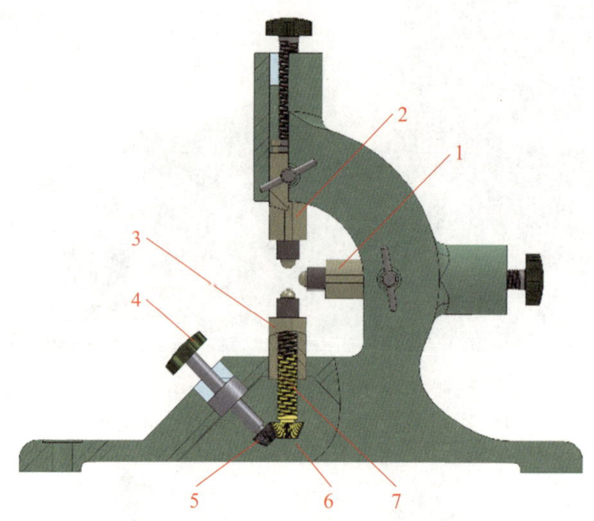

图 2–38　三爪跟刀架的结构

1、2、3—支撑爪　4—手柄　5、6—锥齿轮　7—丝杆

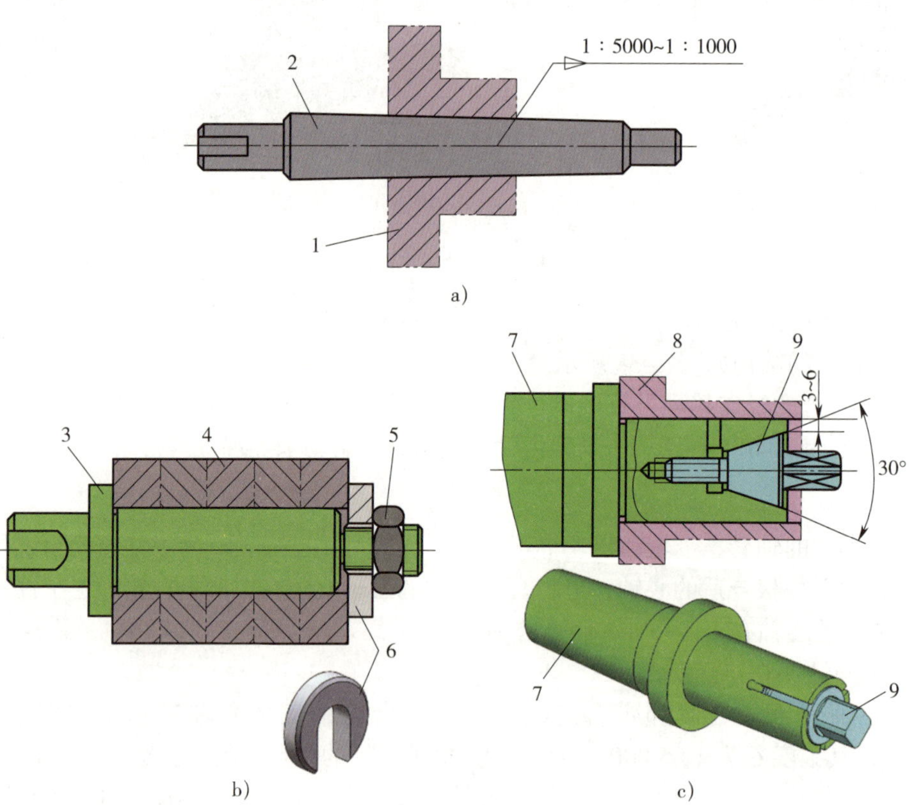

图 2–39　常用心轴

a）小锥度心轴　b）台阶心轴　c）胀力心轴

1、4、8—工件　2—小锥度心轴　3—台阶心轴　5—螺母　6—开口垫圈　7—胀力心轴　9—锥堵

2. 胀力心轴

胀力心轴依靠材料弹性变形所产生的胀力来胀紧工件。图 2–39c 所示为装夹在机床主轴锥孔中的胀力心轴。胀力心轴的圆锥角最好为 30°左右，最薄部分的壁厚为 3 ~ 6 mm，为了使胀力均匀，可周向均匀布置三个槽。使用时先把工件套在胀力心轴上，拧紧锥堵的方榫，使胀力心轴胀紧工件。长期使用的胀力心轴可用 65Mn 弹簧钢制成。胀力心轴装卸方便，定心精度高，故应用较为广泛。

六、其他常用车床附件

其他常用车床附件的说明及图示见表 2–9。

表 2–9 其他常用车床附件的说明及图示

名称	说明	图示
角铁	角铁通常由铸铁制造而成，常用的角铁为 90°角铁（非 90°角铁称为角度角铁），其工作面为角铁上两个互相垂直的表面，精度要求较高，必须经过磨削或精刮。角铁上有长短不同的通孔，用于连接螺钉。角铁通常装在花盘上使用	
V 形架	V 形架的工作面是一条 V 形槽，其夹角有 90°和 120°两种。根据需要可以在 V 形架上加工出几个螺纹孔或圆柱孔，以便用螺钉把 V 形架固定在其他夹具上或把工件固定在 V 形架上	
方头螺栓	方头螺栓用于装夹夹具和工件。螺栓的头部为方形，以防止安装到花盘上的夹具或工件产生转动，其可根据装夹要求做成不同的长度	

续表

名称	说明	图示
压板	压板可根据需要做成各种不同的规格。它的上面铣有腰形长槽，用来安插螺栓，并根据需要使螺栓在长槽中移动，以调整夹紧的位置	
平垫铁	平垫铁安装在花盘、角铁等夹具上，常作为工件的定位基准平面和导向平面	
平衡块	在花盘、角铁和其他夹具上装夹的工件大部分是质量偏于一侧的（偏重），旋转时会产生很大的离心力，不但影响工件的加工精度，还会引起振动，从而损坏车床的主轴和轴承，因此，必须在偏重的对面装上适当的平衡块。平衡块可以用铸铁或钢制成，为了减小体积，也可用密度较大的铅制成	

第五节　其他类型车床

一、立式车床

立式车床有单柱式和双柱式两种。单柱立式车床加工直径一般不大于 3 150 mm，双柱立式车床加工直径最大可达 10 000 mm。

1. 单柱立式车床的结构

如图 2–40 所示，单柱立式车床有一个箱形立柱，与底座固定并连接成一体，构成机床的支承骨架。工作台装在底座的环形导轨上，工件装在工作台的台面上，由工作台带动工件绕垂直轴线旋转，完成主运动。

在立柱的垂直导轨上装有横梁和侧刀架，侧刀架可在立柱的导轨上做垂直进给运动，还可沿刀架滑座的导轨做横向进给运动。在横梁的水平导轨上装有一个垂直刀架。垂直刀架可沿横梁导轨做横向进给运动，以及沿刀架滑座的导轨做垂直进给运动。刀架滑座可左右回转一定的角度，以使刀架做斜向进给运动。

图 2-40 单柱立式车床的结构

1—底座 2—工作台 3—立柱 4—垂直刀架 5—横梁 6—垂直刀架进给箱 7—侧刀架 8—侧刀架进给箱

2. 立式车床的结构特点

立式车床主轴竖直布置，一个直径很大的圆形工作台呈水平布置，用于装夹工件，从而使笨重工件的装夹和找正较为方便。由于工件与工作台的重力由床身导轨或推力轴承承受，大大减轻了主轴及其轴承的载荷，因此有助于保证加工精度。

3. 立式车床加工工件的类型

立式车床主要用于加工径向尺寸大而轴向尺寸相对较小且形状复杂的大型或重型工件。加工工件的类型包括：大直径的盘类、套类、环类工件以及薄壁类工件，如图 2-41 所示；组合件、焊接件以及带有各种复杂型面的工件，如图 2-42 所示的蜗轮壳等；大直径圆锥工件等，如图 2-43 所示。

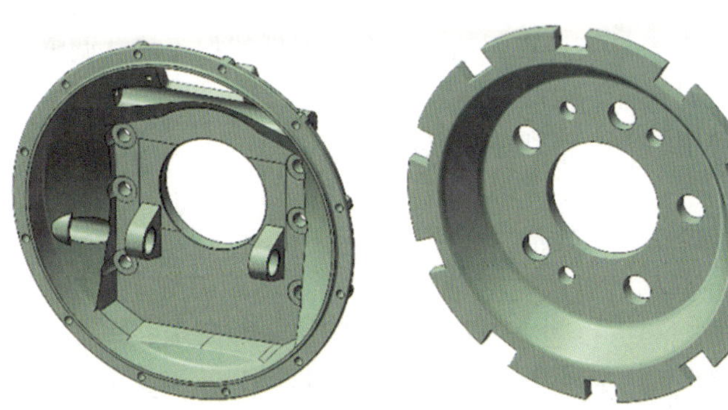

图 2-41 薄壁类工件

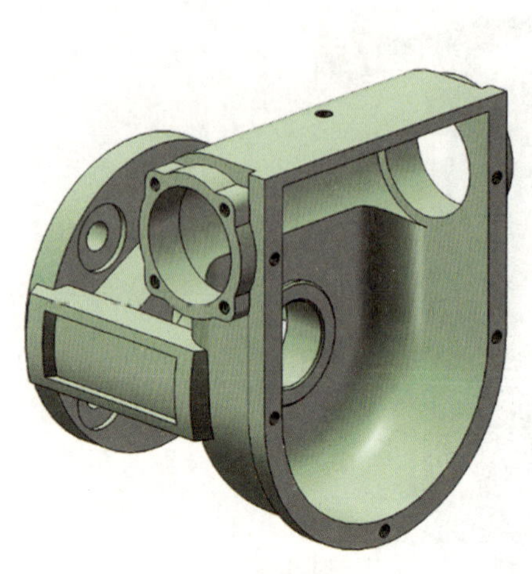

图 2–42　蜗轮壳

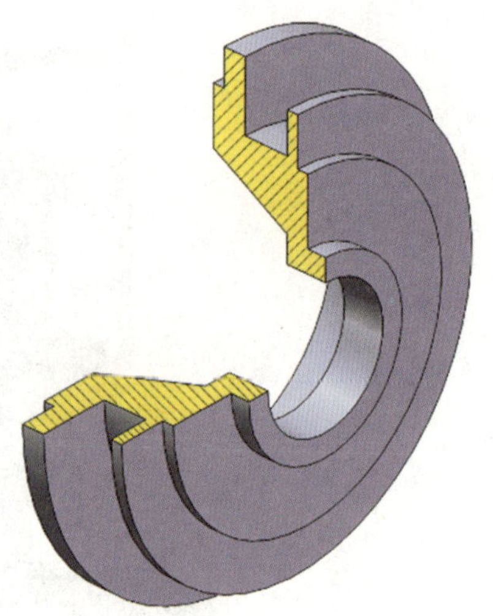

图 2–43　大直径圆锥工件

二、转塔车床和回轮车床

转塔车床、回轮车床是在卧式车床的基础上发展起来的，它们与卧式车床的主要区别是：没有尾座和丝杠，在尾座的位置上有一个可以纵向移动的多工位刀架，其上可装夹多把刀具。加工过程中，多工位刀架可周期性地转位，将不同刀具依次转到加工位置，对工件进行加工。转塔车床、回轮车床的优点是：在成批生产中，特别是在加工形状复杂的工件时，生产效率比卧式车床高。但是，由于调整此类机床需要较多时间，故在单件、小批量生产中受到一定限制；由于没有丝杠，故只能用丝锥和板牙加工内外螺纹。

1. 转塔车床

图 2–44 所示为转塔车床，它除了有一个前刀架，还有一个转塔刀架。前刀架与卧式车床的刀架相似，既可做纵向进给运动，切削大直径的外圆柱面，也可做横向进给运动，加工端面和外圆槽。转塔刀架可做纵向进给运动和绕竖直轴线转位运动，但不能做横向进给运动。转塔刀架一般为六角形，可在六个面上各装夹一把或一组刀具。转塔刀架用于车削内外圆柱面、钻孔、扩孔、铰孔、镗孔、攻螺纹和套螺纹等。转塔车床的前刀架和转塔刀架各有一个独立的溜板箱来控制它们的运动。转塔刀架设有定程装置，加工过程中当刀架到达预先调定位置时，可自动停止进给或快速返回原位。在转塔车床上加工工件时，需根据工件的加工工艺过程，预先将全部刀具装夹在刀架上，根据工件的加工尺寸调整好每把刀具的位置；同时，根据需要调整定程装置，以便控制刀具的终点位置。每完成一个工步，刀架手动转位一次，将下一组所需使用的刀具转到加工位置。

2. 回轮车床

图 2–45a 所示为回轮车床的外形，在回轮车床上没有前刀架，只有一个可绕水平轴线转位的圆盘形回轮刀架，其回转轴线与主轴轴线平行。回轮刀架上沿圆周均匀地分布着多个轴向孔（通常为 12 ~ 16 个），供装夹刀具用，如图 2–45b 所示。当装刀孔转到最高位置时，其刀具轴线与主轴轴线在同一轴线上。回轮刀架随纵向滑板一起，可沿床身导轨做纵向进给运动，完成车削内外圆柱面、钻孔、扩孔、铰孔和加工螺纹等工作。

图 2-44　转塔车床

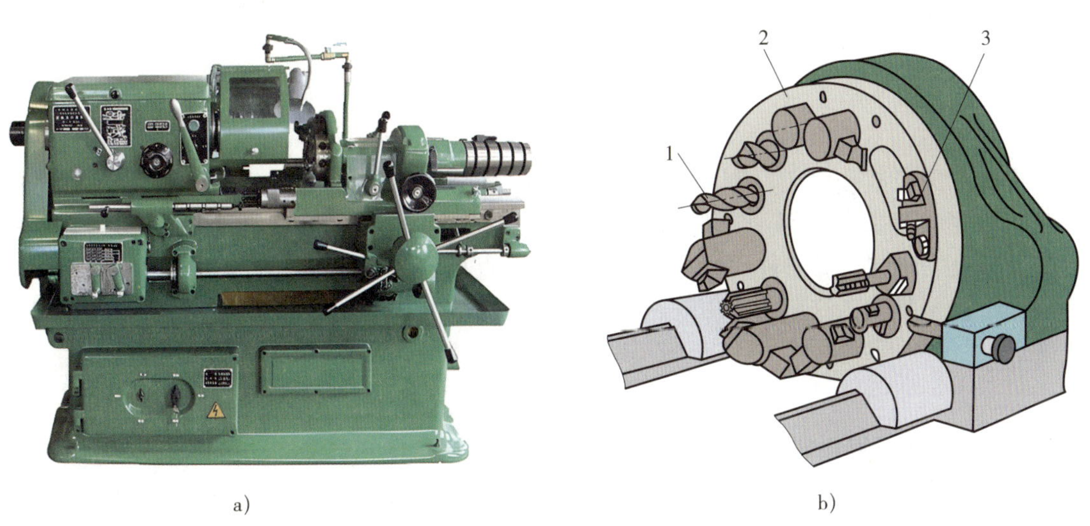

图 2-45　回轮车床

a）外形　b）回轮刀架装夹刀具

1—刀具　2—回轮刀架　3—横向定程机构

三、落地车床

1. 结构特点

落地车床又称花盘车床、端面车床、大头车床或地坑车床。其底座导轨采用矩形结构，跨距大，刚度高，适用于低速重载切削。操纵机构安装在前床腿位置，操作方便，外观协调。落地车床的主轴箱主轴垂直于托板运动的床身导轨，主轴箱和横向床身连接在同一底座上，底座上为山形导轨结构，可手动调节托板的横向移动。机床铸件通过振动时效消除内应

力，床身也经过超音频淬火、导轨磨加工。落地车床无床身、尾座，没有丝杠，如图 2–46 所示。

图 2–46　落地车床

2. 工艺范围及用途

落地车床承载能力大，刚度高，操作方便，能够车削各种零件的内外圆柱面、端面、圆弧等成形表面。它适用于车削直径大（直径为 800 ~ 4 000 mm）、长度短、质量较轻的盘类、环类、薄壁筒类工件等，如轮胎模具、大直径法兰管板、汽轮机配件、封头等，广泛应用于重型机械、汽车、矿山铁路设备及航空部件的加工制造。其适用于单件、小批量生产。

四、自动车床

一台车床无须操作者参与，能自动完成全部的切削运动和辅助运动，一个工件加工完成后，还能自动重复进行加工，这样的车床称为自动车床。能自动地完成一个工作循环，但必须由操作者卸下加工完的工件，装上待加工的坯料并重新启动，才能开始下一个新的工作循环的车床，称为半自动车床。自动和半自动车床能减轻操作者的劳动强度，提高加工精度和劳动生产率。自动车床的分类方法很多，按主轴的数目可分为单轴和多轴，按结构形式可分为立式和卧式，按自动控制方式可分为机械控制、液压控制、电气控制、数字控制等。

单轴转塔自动车床如图 2–47 所示，其自动循环由凸轮控制。床身固定在底座上，床身左上方固定有主轴箱，在主轴箱的右侧分别装有前刀架、后刀架和上刀架，它们可以做横向进给运动，用于车特形面、车槽和切断等。在床身的右上方装有可做纵向进给运动的转塔刀架，在转塔刀架的圆柱面上有 6 个装夹刀具的安装孔，装上各种刀具后可用于完成车削外圆、钻孔、扩孔、铰孔、攻螺纹和套螺纹等工作。在床身的侧面装有分配轴，其上装有凸轮和定时轮，用于控制机床各部分的协同动作，完成自动工作循环。

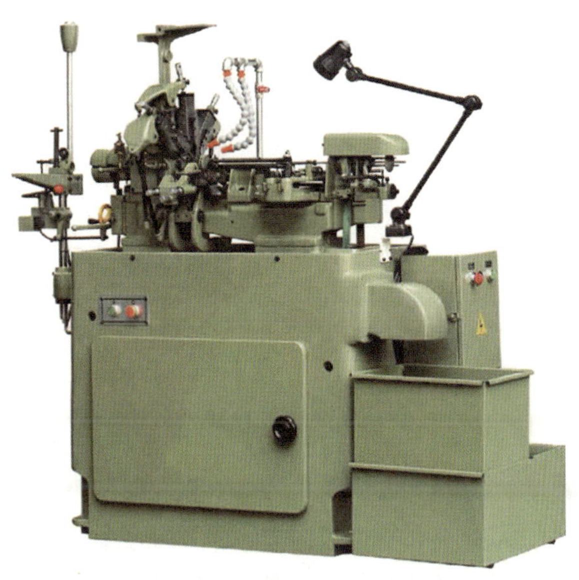

图 2–47　单轴转塔自动车床

五、多刀车床

多刀车床的外形和车削原理如图 2–48 所示，前刀架用于完成纵向车削，后刀架只能做横向进给运动。前后刀架上都可以同时装夹多把车刀，在一次工作行程中同时对几个表面进行加工。因此，多刀车床具有较高的生产效率，可用于批量生产台阶轴和盘类、轮类零件。

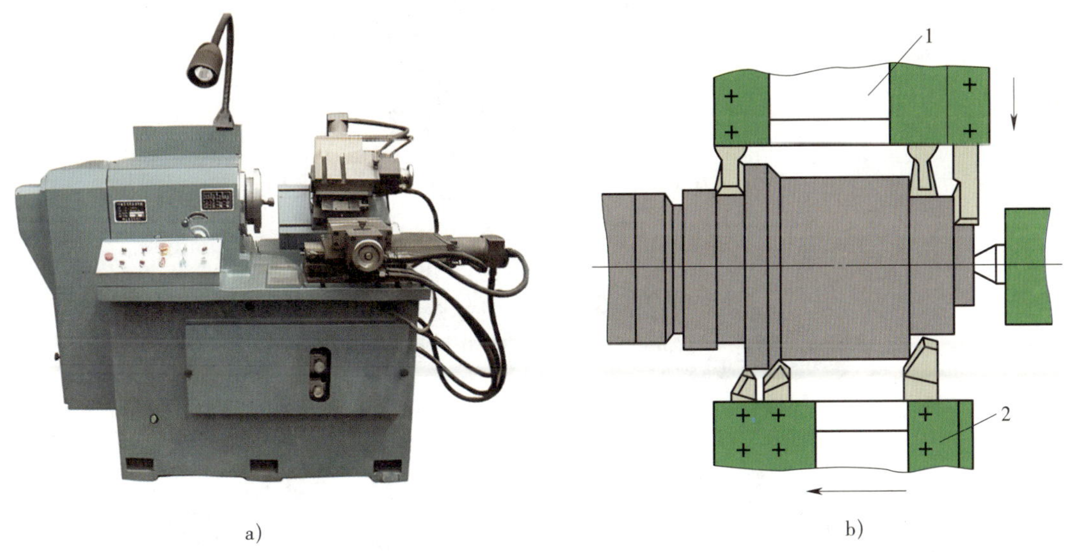

图 2–48　多刀车床的外形和车削原理

a）多刀车床外形　b）多刀车床车削原理

1—后刀架　2—前刀架

第三章　铣　　床

第一节　铣床的工艺范围及其组成

一、铣床的工艺范围和运动

用旋转的铣刀在工件上切削各种表面或沟槽的方法称为铣削。铣削加工是常用的切削加工方法之一，是以铣刀旋转作为主运动，工件或铣刀移动作为进给运动的切削加工方法。铣削过程中的进给运动可以为直线运动，也可以为曲线运动，如图 3–1 所示，因此，铣削的加工范围比较广，生产效率和加工精度也较高。普通铣床的加工内容如图 3–2 所示。

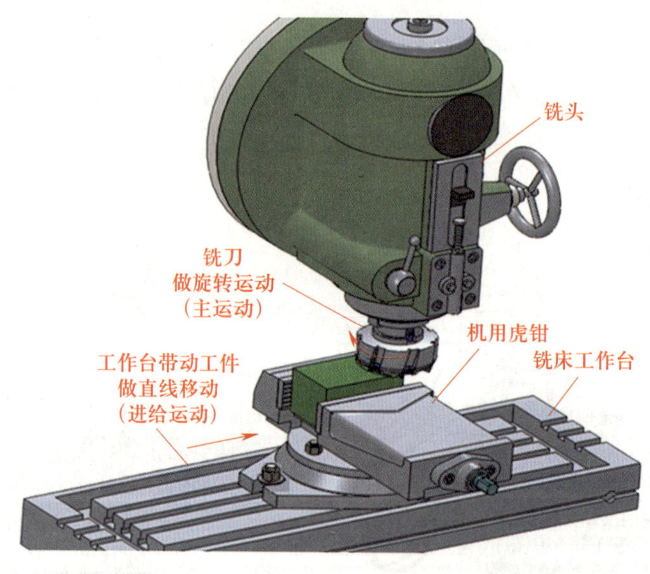

图 3–1　铣削加工

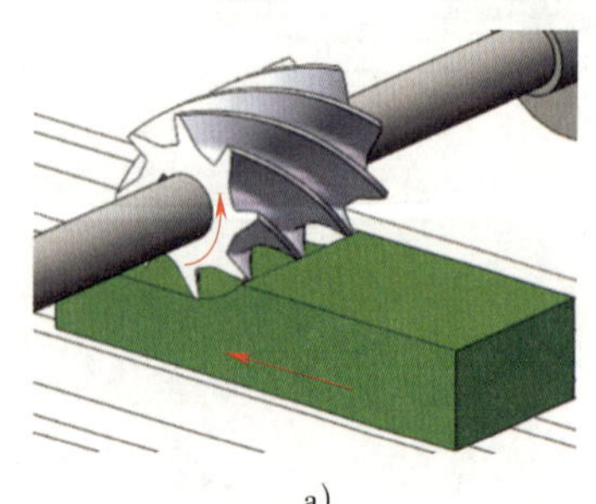

a)

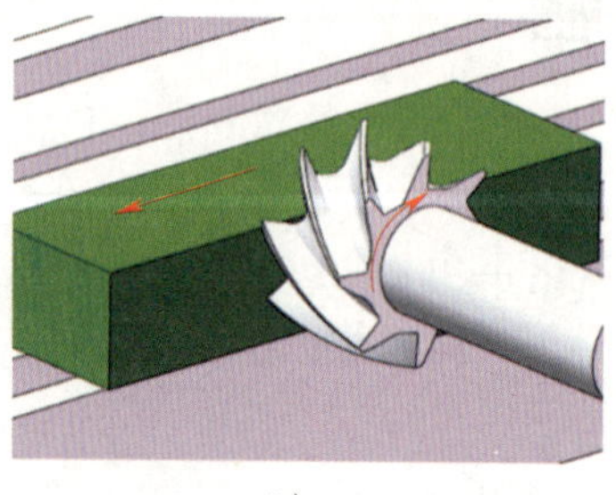

b)

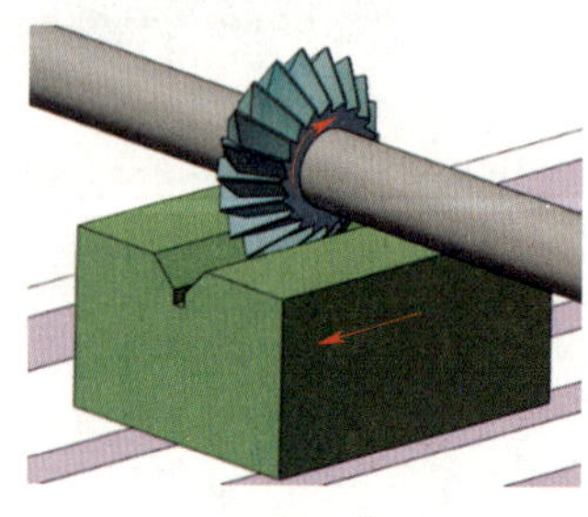

c)

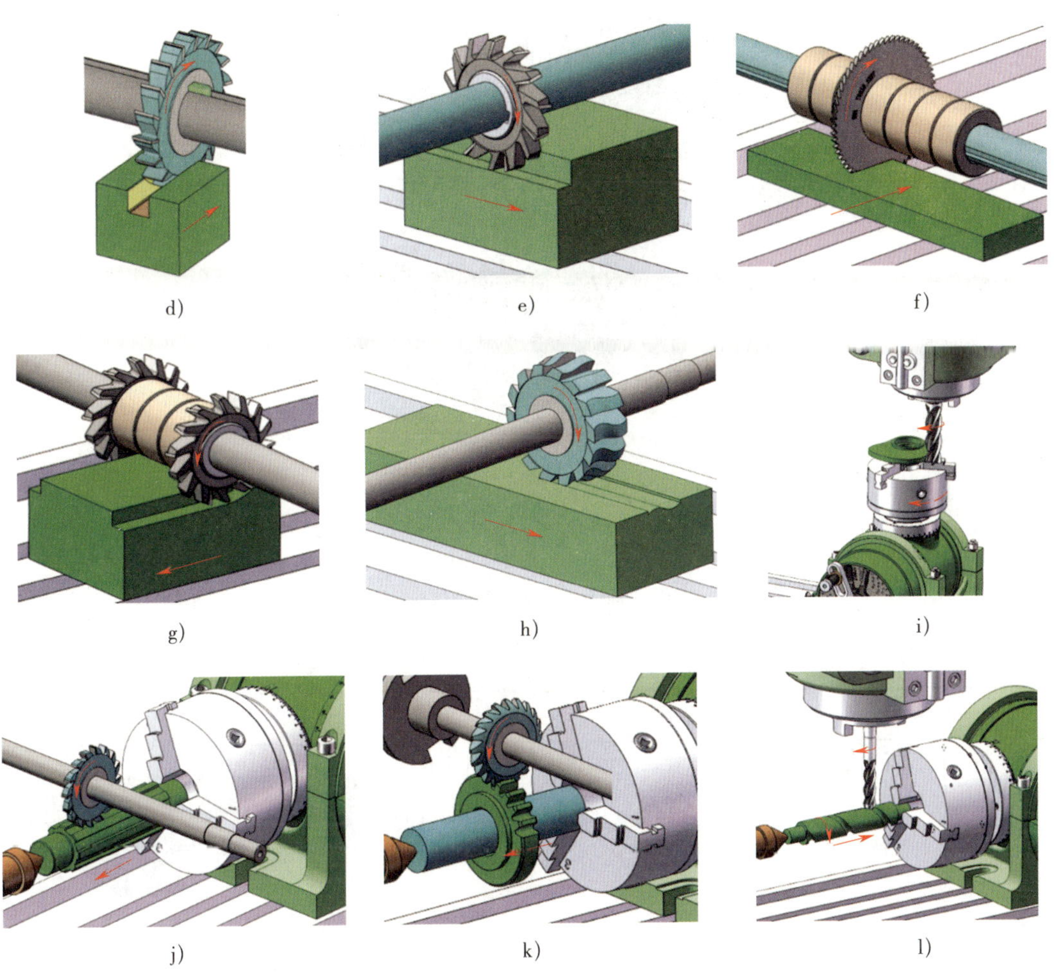

图 3–2　普通铣床的加工内容

a）圆柱形铣刀铣平面　b）面铣刀铣平面　c）铣 V 形槽　d）铣直角沟槽　e）铣台阶
f）切断　g）组合铣刀铣两侧面　h）铣特形面　i）铣凸轮　j）铣花键轴
k）铣齿轮　l）铣刀具螺旋槽

二、铣床的组成

X6132 型卧式万能升降台铣床是目前我国企业中应用较为普遍的一种铣床，如图 3–3 所示。其结构、性能、功用等诸多方面均非常有代表性，具有功率大，转速高，变速范围大，操作方便、灵活，通用性强等特点。下面就以 X6132 型卧式万能升降台铣床为例，介绍铣床的组成和结构特点，其主要组成部分的名称、用途和图示见表 3–1。

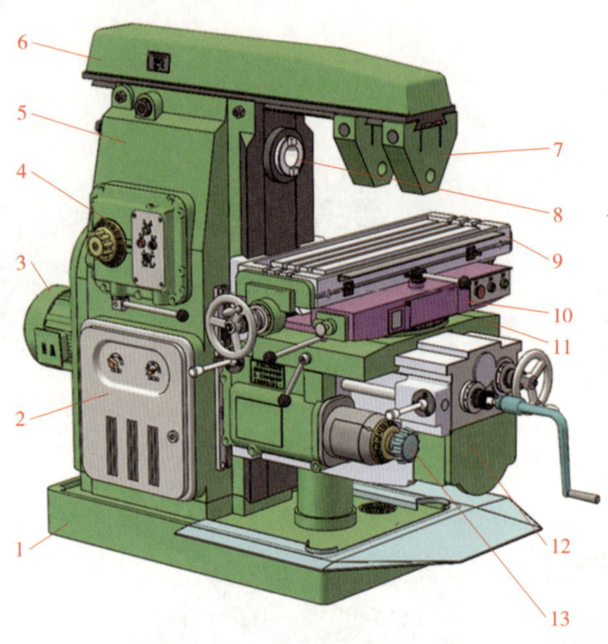

图 3-3 X6132 型卧式万能升降台铣床

1—底座 2—电气箱 3—主电动机 4—主轴变速机构 5—床身 6—悬梁 7—刀杆支架 8—主轴 9—工作台 10—回转盘 11—滑鞍 12—升降台 13—进给变速机构

表 3-1 X6132 型卧式万能升降台铣床主要组成部分的名称、用途和图示

名称	用途	图示
底座	底座用来支承床身，承受铣床全部质量，储存切削液	
床身	床身为机床的主体，用来安装和连接机床其他部件。床身正面有垂直导轨，可引导升降台上下移动。床身顶部有燕尾形水平导轨，用来安装悬梁并按需要引导悬梁水平移动。床身内部装有主轴和主轴变速机构	

续表

名称	用途	图示
悬梁与刀杆支架	悬梁可沿床身顶部燕尾形导轨移动，并可按需要调节其伸出床身的长度。悬梁上可安装刀杆支架，用以支承刀杆的外端，增强刀杆的刚度	
主轴	主轴为前端带锥孔的空心轴，锥孔的锥度为7 : 24，用来安装铣刀刀杆和铣刀。主电动机输出的回转运动，经主轴变速机构驱动主轴连同铣刀一起回转，实现主运动	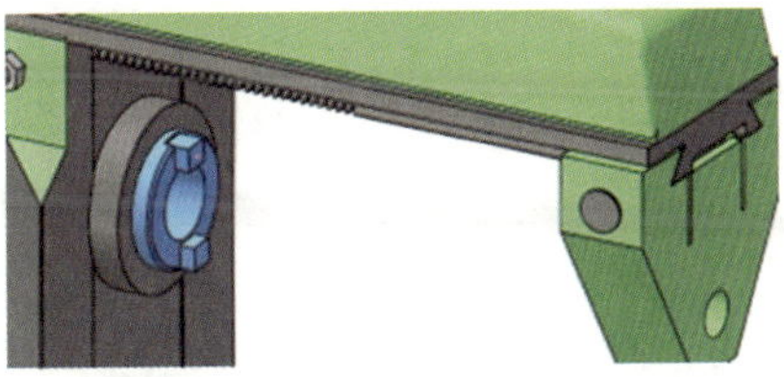
主轴变速机构	主轴变速机构安装于床身内，其操作机构位于床身一侧。其功用是将主电动机的额定转速（1 450 r/min）通过齿轮变速，转换成30 ~ 1 500 r/min的18级主轴转速，以适应不同铣削速度的需要	
进给变速机构	进给变速机构用来调整和变换工作台的进给速度，以适应铣削的需要	
工作台	工作台用来安装需使用的铣床夹具和工件，并在铣削时带动工件实现纵向进给运动	

续表

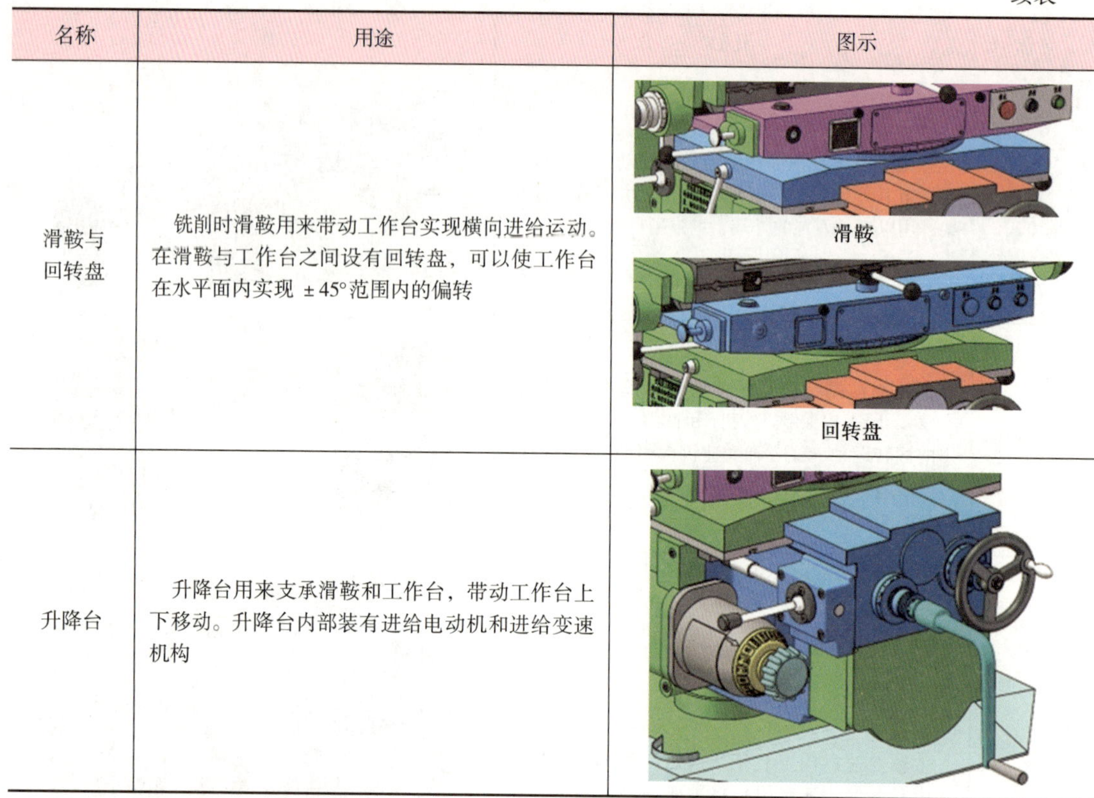

名称	用途	图示
滑鞍与回转盘	铣削时滑鞍用来带动工作台实现横向进给运动。在滑鞍与工作台之间设有回转盘，可以使工作台在水平面内实现 ±45°范围内的偏转	滑鞍 回转盘
升降台	升降台用来支承滑鞍和工作台，带动工作台上下移动。升降台内部装有进给电动机和进给变速机构	

三、铣床的技术参数

X6132 型卧式万能升降台铣床的主要技术参数及规格见表 3–2。

表 3–2　　X6132 型卧式万能升降台铣床的主要技术参数及规格

技术参数		规格
水平工作台面尺寸（长 × 宽）		1 250 mm × 320 mm
工作台最大行程	纵向（手动 / 机动）	800 mm/790 mm
	横向（手动 / 机动）	300 mm/295 mm
	垂向（手动 / 机动）	400 mm/390 mm
工作台进给速度（各 18 级）	纵向	23.5 ~ 1 180 mm/min
	横向	16 ~ 787 mm/min
	垂向	8 ~ 394 mm/min
工作台快速移动速度	纵向	2 300 mm/min
	横向	2 300 mm/min
	垂向	700 mm/min

续表

技术参数		规格
回转盘最大回转角度		± 45°
主轴锥孔锥度		7 : 24
主轴转速（18 级）		30 ~ 1 500 mm/min
主电动机功率		7.5 kW
机床工作精度	平面度	0.02 mm
	平行度	0.03 mm
	垂直度	0.02 mm/100 mm
表面粗糙度 *Ra* 值		1.6 μm

第二节 X6132 型卧式万能升降台铣床的传动系统

X6132 型卧式万能升降台铣床的传动系统一般由主运动传动链、进给运动传动链及工作台快速移动传动链组成。主运动传动链的两端件是电动机与主轴，其任务是通过主变速传动系统把电动机的运动传给主轴，使其获得各种不同的转速，以满足加工的需要。进给运动传动链及工作台快速移动传动链的传动，使机床获得纵向、横向和垂直三个方向的工作进给运动或快速调整移动，以满足不同的加工需要。图 3–4 为 X6132 型卧式万能升降台铣床传动系统图，图中的数字标号为齿轮的齿数。

一、主运动传动链

X6132 型卧式万能升降台铣床的主运动传动系统把主电动机的运动和转矩传给主轴，并带动装在主轴上的铣刀实现旋转运动。主轴的启动、反转是利用主电动机的正反转来实现的，主轴的制动是利用轴 I 上的电磁制动器 M 来实现的，主轴的变速是利用各轴之间的滑移齿轮来实现的。

由图 3–4 可知，主电动机的旋转运动和转矩经弹性联轴器传至主轴箱中的轴 I，经轴 II 上的三联滑移齿轮、轴 IV 上的三联滑移齿轮和二联滑移齿轮实现变速，最后使主轴得到 18 级不同的转速。

X6132 型卧式万能升降台铣床主运动的传动路线表达式如下：

$$
\text{主电动机}-\mathrm{I}-\frac{26}{54}-\mathrm{II}-\begin{bmatrix}\frac{22}{33}\\ \frac{19}{36}\\ \frac{16}{39}\end{bmatrix}-\mathrm{III}-\begin{bmatrix}\frac{39}{26}\\ \frac{28}{37}\\ \frac{18}{47}\end{bmatrix}-\mathrm{IV}-\begin{bmatrix}\frac{82}{38}\\ \frac{19}{71}\end{bmatrix}-\mathrm{V}\ (\text{主轴})
$$

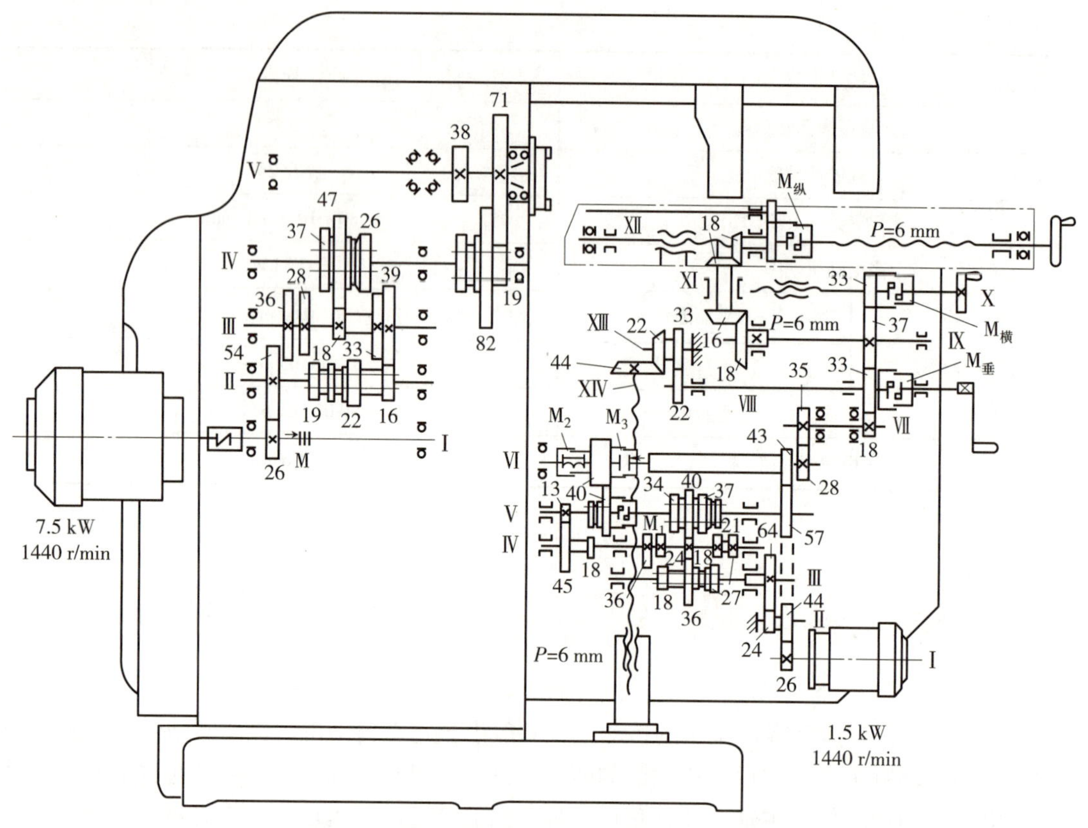

图 3-4　X6132 型卧式万能升降台铣床传动系统图

二、进给运动和快速移动传动链

进给运动和快速移动传动系统的作用是把进给电动机的运动转换成工作台的纵向、横向和垂直三个方向的运动。该系统的主要传动件都安装在升降台内部。纵向、横向、垂直三个方向的运动是通过分别接通牙嵌式离合器 $M_{纵}$、$M_{横}$、$M_{垂}$来实现的。工作台三个方向的运动又分工作进给运动和快速移动两种情况。每个运动的运动方向的改变是通过改变进给电动机的旋转方向来实现的。另外，三个方向的运动是用机械和电气的方法实现互锁，使同一时刻只能接通某一方向的运动，以防止因误操作而发生事故。

工作进给运动传动路线为：进给电动机的运动经过轴Ⅱ上的双联空套齿轮传至轴Ⅲ，轴Ⅲ上的三联滑移齿轮与轴Ⅳ上的相应齿轮啮合，使轴Ⅳ得到 3 级不同的转速；再经过轴Ⅴ上的三联滑移齿轮与轴Ⅳ相应齿轮啮合，可使轴Ⅴ得到 9 级不同转速。从轴Ⅴ到轴Ⅵ有两种不同的进给运动传动路线：一条是高速进给路线，即接通轴Ⅴ上的牙嵌式离合器 M_1，由一对齿轮副 $\frac{40}{40}$ 和电磁离合器 M_2 直接将轴Ⅴ的运动传到轴Ⅵ，使轴Ⅵ获得 9 级高转速；另一条是低速进给路线，即 M_1 脱开，轴Ⅴ的运动经齿数为 13 的左端齿轮、空套在轴Ⅳ上的双联齿轮、空套在轴Ⅵ上齿数为 40 的宽齿轮和电磁离合器 M_2，将运动传至轴Ⅵ，使轴Ⅵ得到 9 级低转速。然后，再经过轴Ⅶ，分别接 $M_{纵}$、$M_{横}$、$M_{垂}$，实现三个方向的 18 种不同进给速度。

快速移动传动路线为：进给电动机的旋转运动，经轴Ⅱ上的双联空套齿轮直接与空套在轴Ⅴ上齿数为 57 的齿轮啮合（图中虚线连接部分），经一对齿轮副$\frac{57}{43}$，并接通 M_3，将运动传至轴Ⅵ，并由齿数为 28 的齿轮等分别传至三个方向的丝杠，实现三个方向的快速移动。

进给运动和快速移动的传动路线表达式为：

$$\text{进给电动机}-\frac{26}{44}-\text{Ⅱ}-\left[\begin{array}{c}\frac{24}{64}-\text{Ⅲ}-\begin{bmatrix}\frac{36}{18}\\ \frac{27}{27}\\ \frac{18}{36}\end{bmatrix}-\text{Ⅳ}-\begin{bmatrix}\frac{24}{34}\\ \frac{21}{37}\\ \frac{18}{40}\end{bmatrix}-\text{Ⅴ}-\begin{bmatrix}M_1-\frac{40}{40}\\ \frac{13}{45}\times\frac{18}{40}\times\frac{40}{40}\end{bmatrix}-M_2\ (\text{工作进给})\\ \frac{44}{57}\times\frac{57}{43}-M_3\end{array}\right]-$$

$$\text{Ⅵ}-\frac{28}{35}-\text{Ⅶ}-\frac{18}{33}-\left[\begin{array}{l}\frac{33}{37}-\text{Ⅸ}-\begin{bmatrix}\frac{18}{16}-\text{Ⅺ}-\frac{18}{18}-M_{纵}-\text{Ⅻ}-\text{纵向进给丝杠}\ (P=6\ \text{mm})\\ \frac{37}{33}-M_{横}-\text{Ⅹ}-\text{横向进给丝杠}\ (P=6\ \text{mm})\end{bmatrix}\\ M_{垂}-\text{Ⅷ}-\frac{22}{33}-\text{ⅩⅢ}-\frac{22}{44}-\text{ⅩⅣ}-\text{垂直进给丝杠}\ (P=6\ \text{mm})\end{array}\right.$$

另外，还可以通过装在丝杠端部的手轮或与杠杆相连的手柄实现手动进给。

第三节　X6132 型卧式万能升降台铣床的主要结构

一、主轴部件

由于铣床上使用的是多齿刀具，加工过程中通常有几个刀齿同时参加切削，其切削过程是断续的，且切入与切出的切削厚度亦不相同，因此，作用在铣床上的切削力会发生周期性的变化，易引起振动。这就要求主轴部件应具有较高的刚度和抗振性，因此主轴采用三支承结构，如图 3–5 所示。

由图 3–5 可知，前支承 6 为圆锥滚子轴承，用于承受径向力和向左的轴向力；中间支承 4 采用圆锥滚子轴承，以承受径向力和向右的轴向力；后支承 2 为单列深沟球轴承，只承受径向力。主轴的旋转精度主要由前支承和中间支承来保证，后支承只起辅助支承的作用。当主轴的旋转精度由于轴承磨损而降低时，必须对主轴轴承进行调整。调整时，先移开悬梁并拆下床身盖板，拧松中间支承左侧螺母 11 上的锁紧螺钉 3，用专用钩头扳手钩住螺母 11 的轴向槽，再用一短铁棍通过主轴前端的端面键 8 扳动主轴做顺时针旋转运动，使中间支承 4 的内圈向右移动，从而使中间支承 4 的间隙得以消除；继续转动主轴，使其向左移动，并

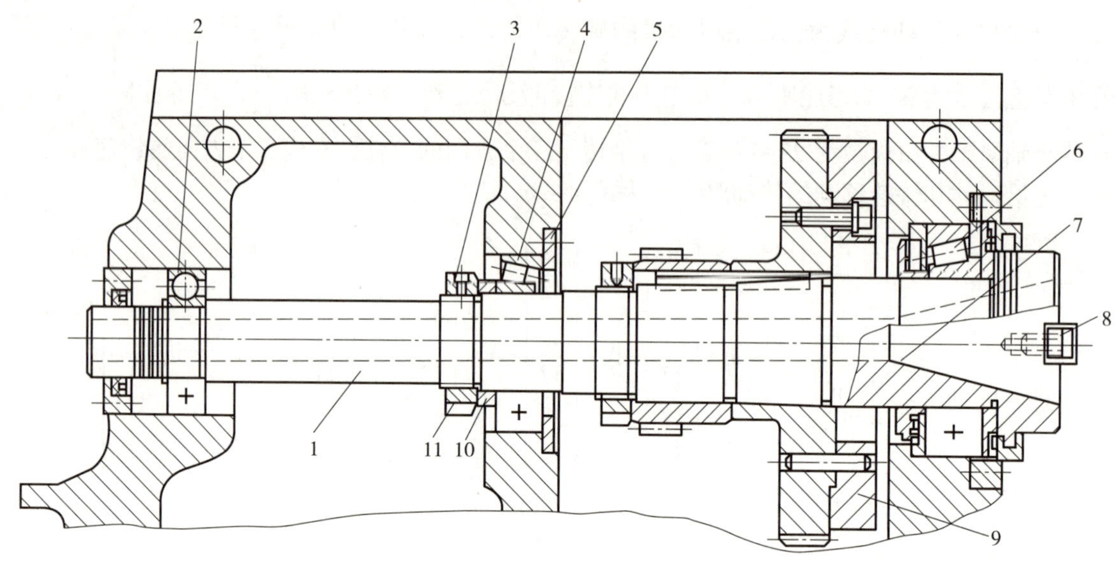

图 3–5　主轴部件结构

1—主轴　2—后支承　3—锁紧螺钉　4—中间支承　5—轴承盖　6—前支承
7—主轴前锥孔　8—端面键　9—飞轮　10—隔套　11—螺母

通过轴肩带动前支承 6 的内圈左移，从而消除前支承 6 的间隙。调整好后，必须拧紧锁紧螺钉 3，盖上盖板并恢复悬梁位置。

在主轴大齿轮上用螺钉和定位销将飞轮 9 紧固在大齿轮上。在切削加工中，可通过飞轮的惯性使主轴运转平稳，以减轻铣刀间断切削引起的振动。

主轴是空心轴，前端有锥度为 7∶24 的精密锥孔，用于安装铣刀刀柄或铣刀刀杆的定心轴柄，其空心内孔用于穿过拉杆将力杆或面铣刀拉紧。前端的端面上装有用螺钉固定的两个端面键 8，以便嵌入铣刀刀柄的缺口中传递转矩。安装时先转动拉杆左端的六角头，使拉杆右端螺纹旋入刀具锥柄的螺孔中，然后用锁紧螺母锁紧。刀杆悬伸部分可支承在刀杆支架（见图 3–3 中 7）的滑动轴承内。铣刀安装在刀杆上的轴向位置，可用不同厚度的刀杆垫圈进行调整。

二、孔盘变速操纵机构

1. 孔盘变速操纵机构的工作原理

孔盘变速操纵机构主要由孔盘 6、齿条轴 7 和 9、齿轮 8 和拨叉 10 组成，如图 3–6a 所示。

在孔盘 6 不同直径的圆周上钻有大、小两种直径的孔。齿条轴 7 和 9 上加工有直径分别为 D 和 d 的两段台肩，直径为 d 的台肩能穿过孔盘上的小孔，而直径为 D 的台肩能穿过孔盘上的大孔。变速时，将孔盘右移，使其退离齿条轴，然后根据变速要求，将孔盘转过一定角度，再使孔盘左移复位。孔盘在复位时，可通过孔盘上大孔、小孔或无孔的不同情况，使滑移齿轮获得三个不同位置，从而达到变速目的。三个工作状态为：一是孔盘上对应齿条轴 9 的位置无孔，而对应齿条轴 7 的位置为大孔，孔盘在复位时，向左顶齿条轴 9，并通过拨叉将三联滑移齿轮 13 推至左位，齿条轴 7 则在齿条轴 9 及齿轮 8 的共同作用下右移，直径

为 D 的台肩穿过孔盘上的大孔（见图 3–6b 中位置 1）；二是孔盘对应两齿条轴的位置均为小孔，齿条轴上直径为 d 的台肩穿过孔盘上的小孔，两齿条轴均处于中间位置，从而通过拨叉使三联滑移齿轮 13 处于中间位置（见图 3–6b 中位置 2）；三是孔盘上对应齿条轴 9 的位置为大孔，对应齿条轴 7 的位置无孔，这时孔盘顶齿条轴 7 左移，从而通过齿轮 8 使齿条轴 9 的台肩穿过大孔右移，三联滑移齿轮 13 处于右位（见图 3–6b 中位置 3）。

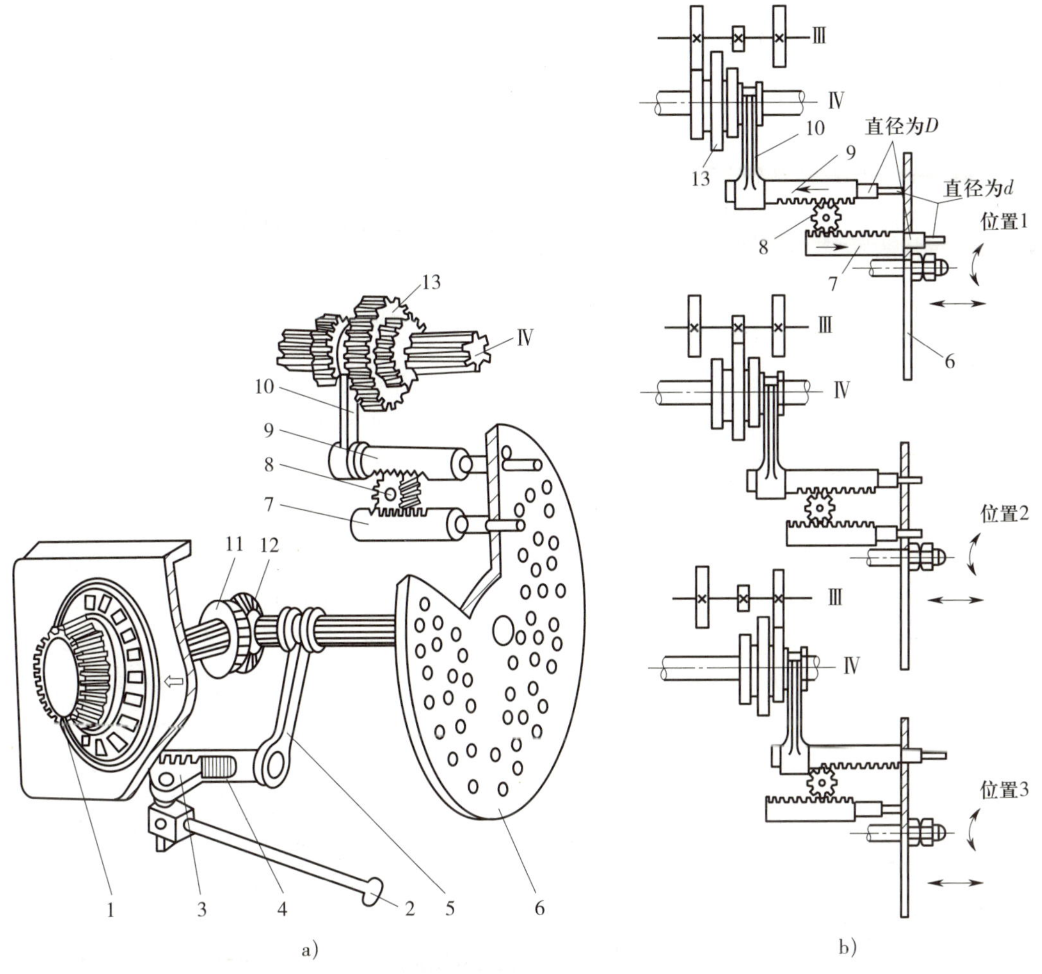

图 3–6　X6132 型卧式万能升降台铣床孔盘变速操纵机构

a）结构示意图　b）滑移齿轮的三种位置

1—速度盘　2—手柄　3—扇形齿轮　4—齿条　5—连杆　6—孔盘　7、9—齿条轴

8—齿轮　10—拨叉　11、12—锥齿轮　13—三联滑移齿轮

2. 主轴变速机构的结构及操纵

主轴变速操纵机构的结构如图 3–6a 所示。它是安装在床身侧面的一个独立部件，由速度盘 1 和手柄 2 进行变速操纵。速度盘上刻有 18 种转速数值，用来选择转速，手柄 2 用来实现变速。

变速时，将手柄 2 向外拉出并顺时针转动约 250°，扇形齿轮 3 跟着同步转动，齿条 4 向右移动，连杆 5 移动带动孔盘 6 向右退出各组齿条轴，为孔盘 6 的转位做好准备；转动速度盘 1 至所需转速位置，经一对锥齿轮 11、12 使孔盘 6 转过相应的角度；最后，将手柄 2 推回到原来位置并重新定位，则孔盘 6 向左移动而推动各组齿条轴进行相应的位移，实现转速的变换。

变速时，为了使三联滑移齿轮在改变啮合位置时易于啮合，机床上设有主电动机瞬时冲动装置，在手柄 2 推动孔盘右移并返回原来位置的过程中分别压动微动开关，以瞬时接通主电动机电源，使主电动机实现一次瞬时冲动，带动主变速箱内的传动齿轮以缓慢的速度转动，三联滑移齿轮即可顺利地移动到另一啮合位置工作。

三、工作台

升降台式铣床工作台的纵向进给和快速移动一般采用丝杠螺母副传动。图 3–7 所示为 X6132 型卧式万能升降台铣床工作台结构图。它由工作台 7、床鞍 1、回转盘 3 三层组成。床鞍 1 与升降台（图中未示出）以矩形导轨相配合，使工作台在升降台导轨上做横向移动。工作台不做横向移动时，可通过手柄 13 和偏心轴 12 的作用将床鞍夹紧在升降台上。工作台 7 可沿回转盘 3 上的燕尾形导轨做纵向移动。工作台连同转盘一起可绕锥齿轮的轴Ⅺ实现 ±45° 回转，并利用螺栓 14 和两块弧形压板 2 紧固在床鞍上。纵向进给丝杠 4 支承在工作台左端前支架 6 处的滑动轴承及工作台右端后支架 10 处的推力球轴承和圆锥滚子轴承上，以承受径向力和两个方向的轴向力。轴承的间隙由螺母 11 进行调整。手轮 5 空套在纵向进给丝杠 4 上，当将手轮 5 向里推（图中向右推），并压缩弹簧使端面齿离合器 M′ 接通后，便可手摇工作台纵向移动。在回转盘 3 上，离合器 $M_{纵}$ 用花键与花键套筒 9 连接，而花键套筒 9 又以滑键 8 与铣有键槽的纵向进给丝杠 4 连接，因此，若将端面齿离合器 $M_{纵}$ 向左接通，则来自轴Ⅺ的运动经锥齿轮副、$M_{纵}$ 及滑键 8 带动纵向进给丝杠 4 转动。由于双螺母固定安装在回转盘的左端，它既不能转动，又不能做轴向移动，因此，当纵向进给丝杠 4 获得旋转运动后，又会同时做轴向移动，从而使工作台 7 做纵向进给运动或快速移动。

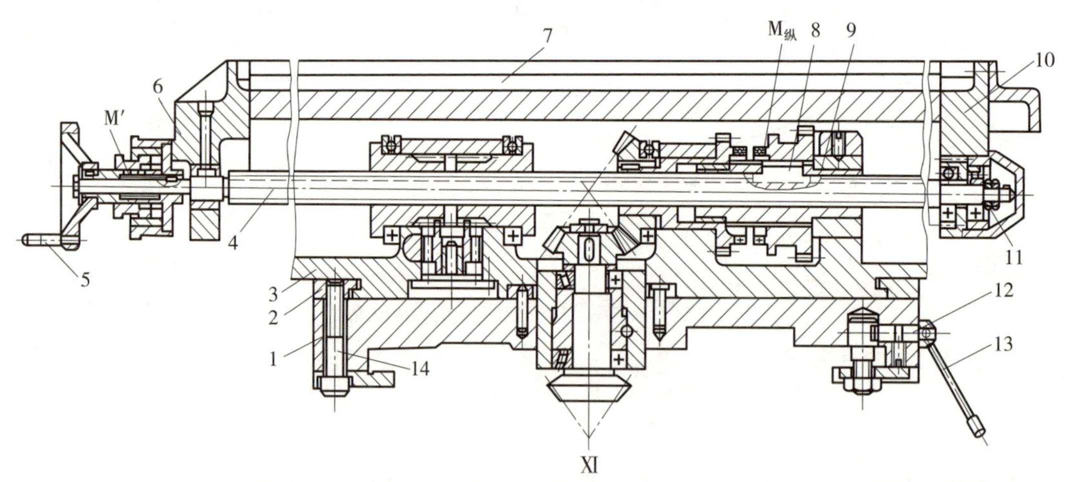

图 3–7　X6132 型卧式万能升降台铣床工作台结构图

1—床鞍　2—压板　3—回转盘　4—纵向进给丝杠　5—手轮　6—前支架　7—工作台
8—滑键　9—花键套筒　10—后支架　11—螺母　12—偏心轴　13—手柄　14—螺栓

四、工作台进给操纵机构

1. 工作台纵向进给操纵机构

X6132 型卧式万能升降台铣床工作台纵向进给操纵机构如图 3–8 所示。工作台的纵向进给运动，由手柄 23 来操纵，在接通或断开端面齿离合器 $M_{纵}$的同时，压动微动开关 SQ_1 或 SQ_2，使进给电动机正转或反转，从而实现工作台向右或向左的纵向进给运动。在轴 6 上装有弹簧 7，拨动离合器 $M_{纵}$的拨叉 5，弹簧 7 的作用力可使轴 6 向左移动，带动拨叉 5 向左移接通离合器 $M_{纵}$。工作台的纵向进给运动也可由机床侧面的另一手柄来操纵，扳动手柄时，经杠杆、摆块上销 10、凸块下端叉子 9 使凸块 1 上下摆动。

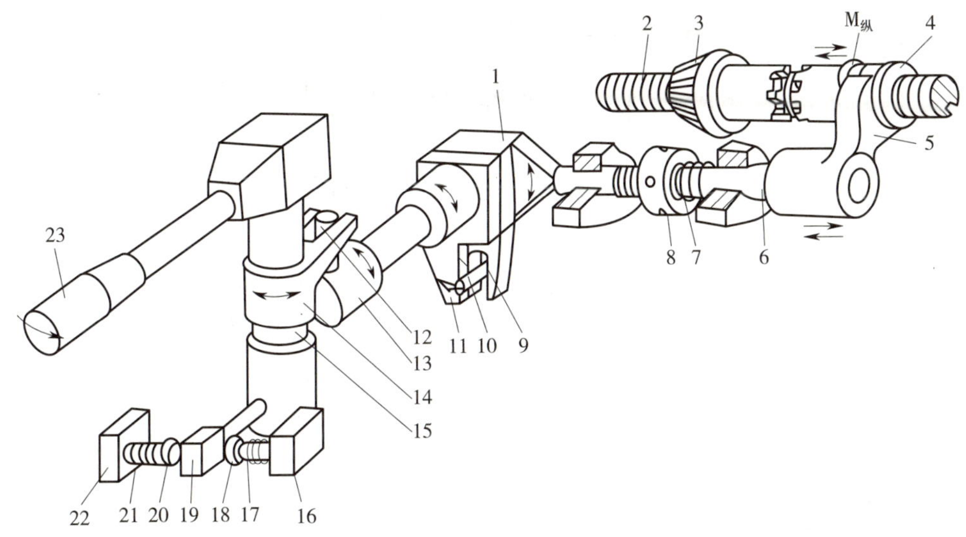

图 3–8 X6132 型卧式万能升降台铣床工作台纵向进给操纵机构

1—凸块 2—丝杠 3—纵向进给丝杠 4—空套锥齿轮 5、14—拨叉 6—轴 7、17、21—弹簧 8—调整螺母 9—凸块下端叉子 10—摆块上销 11—摆块 12—套筒上销 13—套筒 15—垂直轴 16—微动开关（SQ_1） 18、20—可调螺钉 19—压块 22—微动开关（SQ_2） 23—手柄

当将手柄 23 向左扳动时，压块 19 向左摆动，压动微动开关 22（SQ_2），启动进给电动机反向旋转的同时，拨叉 14 做顺时针摆动，通过套筒上销 12、套筒 13 使摆块 11 做顺时针摆动，凸块 1 通过螺钉与摆块 11 相连接，于是凸块 1 也做顺时针摆动，凸块 1 的最高点便可离开轴 6 的左端面。在弹簧 7 的作用下，轴 6 向左移动而带动拨叉 5 左移，使离合器 $M_{纵}$接通，实现工作台向左的纵向进给运动。

当将手柄 23 从左边扳向中间位置时，压块 19 脱开微动开关 22（SQ_2），进给电动机停止转动；同时，凸块 1 做逆时针摆动，其最高点将轴 6 向右推，通过拨叉 5 使离合器 $M_{纵}$脱开，于是纵向向左的进给运动停止。

同理，当将手柄 23 由中间位置扳向右边位置时，压块 19 压动微动开关 16（SQ_1），进给电动机正转；同时，由于凸块 1 做逆时针摆动，其最高点向上离开轴 6 的左端面，在弹簧 7 的作用下，离合器 $M_{纵}$又被接通，从而实现工作台向右的纵向进给运动。

2. 工作台横向和垂直进给操纵机构

X6132 型卧式万能升降台铣床工作台的横向和垂直进给操纵机构如图 3–9 所示。手柄 1 有上、下、前、后和中间五个工作位置。当前后扳动手柄 1 时，通过手柄前端的球头拨动鼓轮做左右轴向移动；当上下扳动手柄 1 时，通过壳体 3 上的扁槽、平键 2、轴 4，使鼓轮 9 在一定角度范围内来回转动。在鼓轮 9 的圆周上带斜面的槽分别控制微动开关 SQ_3、SQ_4、SQ_7 和 SQ_8。其中，SQ_8 用于控制电磁离合器 $M_{垂}$ 的接通或断开，SQ_7 用于控制电磁离合器 $M_{横}$ 的接通或断开，即分别接通或断开垂向进给运动和横向进给运动；SQ_3、SQ_4 用于控制进给电动机的正转和反转，而实现工作台向前、向下和向后、向上的进给运动。

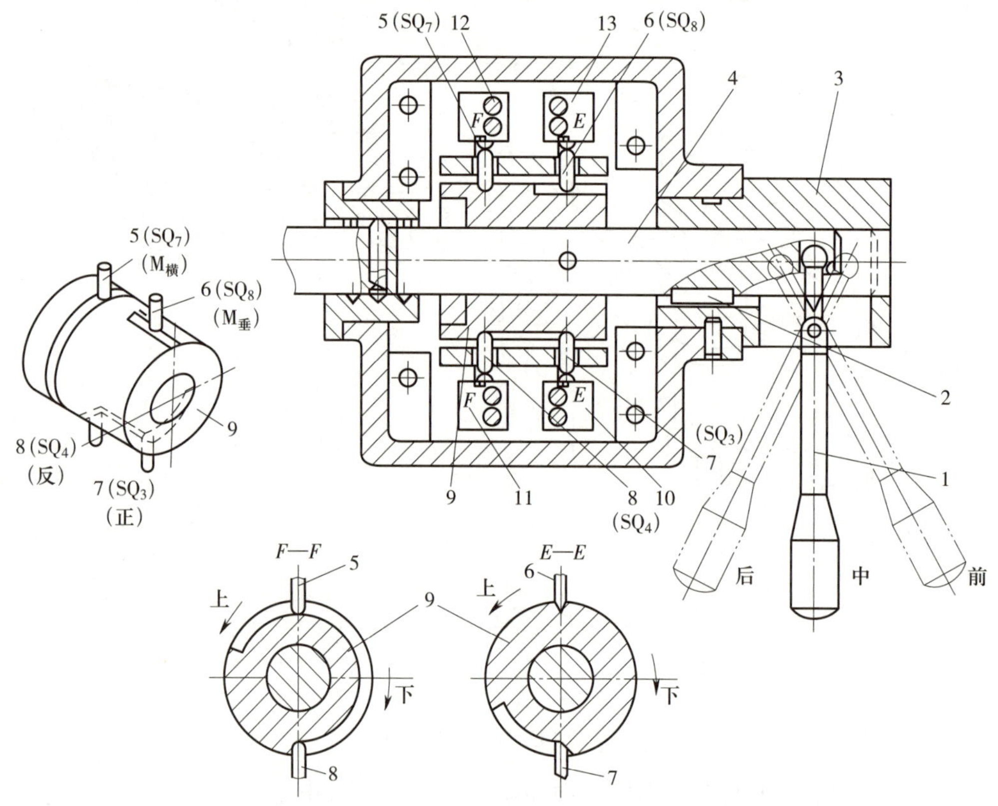

图 3–9　X6132 型卧式万能升降台铣床工作台的横向和垂直进给操纵机构

1—手柄　2—平键　3—壳体　4—轴　5、6、7、8—顶销　9—鼓轮　10—微动开关（SQ_3）　11—微动开关（SQ_4）　12—微动开关（SQ_7）　13—微动开关（SQ_8）

当向前扳动手柄 1 时，鼓轮 9 向左做轴向移动，其上的斜面压下顶销 7，作用于微动开关 SQ_3，使进给电动机正转；与此同时，顶销 5 处于鼓轮圆周上，作用于微动开关 SQ_7，压紧横向进给电磁离合器 $M_{横}$ 使其通电工作，从而实现工作台向前的横向进给运动。

当向后扳动手柄 1 时，鼓轮 9 向右做轴向移动，其上的斜面压下顶销 8，作用于微动开关 SQ_4，使进给电动机反转；顶销 5 仍处于鼓轮圆周上，压紧电磁离合器 $M_{横}$ 使其通电工作，实现工作台向后的横向进给运动。

当向上扳动手柄 1 时，鼓轮 9 做逆时针方向转动，其上的斜面压下顶销 8，作用于微动开关 SQ_4，使进给电动机反转；压下位于鼓轮圆周上的顶销 6，并作用于微动开关 SQ_8，压紧电磁离合器 $M_{垂}$使其通电工作，实现工作台向上的进给运动。

当向下扳动手柄 1 时，鼓轮 9 做顺时针方向转动，其上的斜面压下顶销 7，作用于微动开关 SQ_3，使进给电动机正转；压下位于鼓轮圆周上的顶销 6，使微动开关 SQ_8 起作用，压紧电磁离合器 $M_{垂}$使其通电工作，实现工作台向下的进给运动。

当将手柄 1 扳到中间位置时，顶销 8 和 7 同时处于鼓轮的槽中，松开微动开关 SQ_4 和 SQ_3，进给电动机便停止转动；顶销 5 和 6 也同时处于鼓轮的槽中，松开微动开关 SQ_7、SQ_8，使电磁离合器 $M_{横}$和 $M_{垂}$断电，于是工作台的前后进给运动和上下进给运动全部停止。

第四节　铣床的常用附件

一、机用虎钳

机用虎钳有固定型（无底座）和回转型两种，如图 3-10 所示，常用的是固定型。

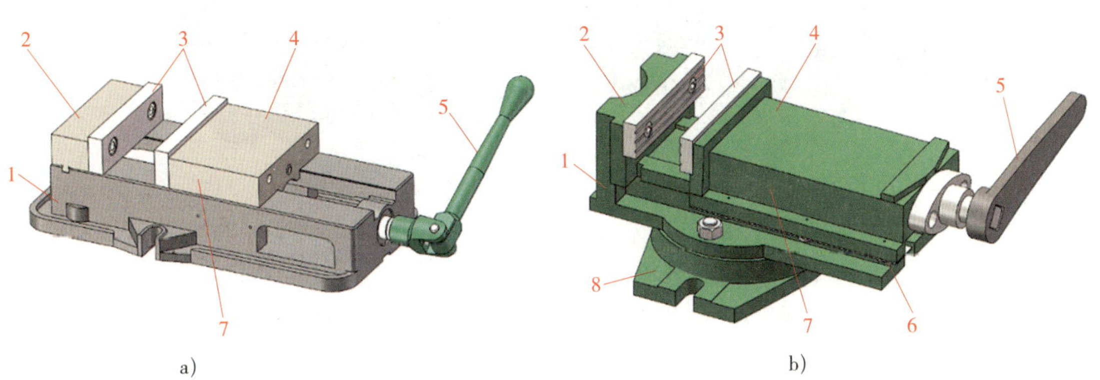

图 3-10　机用虎钳

a）固定型机用虎钳　b）回转型机用虎钳

1—钳体　2—固定钳口　3—钳口铁　4—活动钳身　5—丝杠手柄

6—压板　7—活动钳口　8—底座

固定型机用虎钳与回转型机用虎钳的结构基本相同，只是底座没有转盘，钳体不能回转，刚度高。回转型机用虎钳可以在水平方向扳转任意角度，其适应性很强。

二、万能分度头

1. 万能分度头的规格和用途

（1）规格

万能分度头的规格通常用中心高表示，常用的规格有 100 mm、125 mm、160 mm 等，分度头的型号由大写的汉语拼音字母 F 和数字两部分组成，通常表示如下：

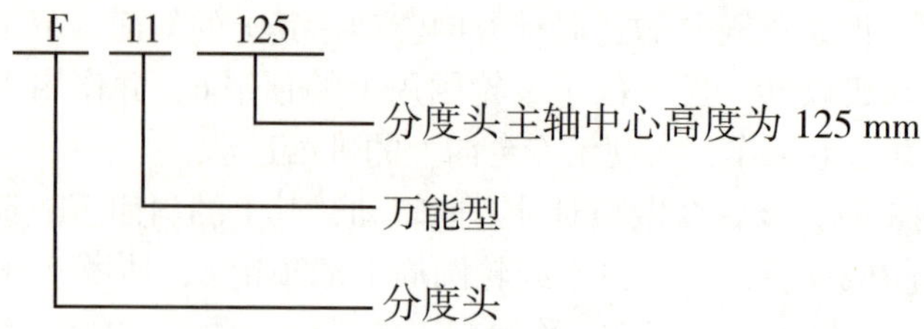

（2）用途

万能分度头的主要用途如下：

1）能够将工件做任意的圆周等分或直线移距分度。

2）可把工件的轴线放置成水平、垂直或任意角度的倾斜位置。

3）通过交换齿轮，可使分度头主轴随铣床工作台的纵向进给运动做连续旋转运动，实现工件的复合进给运动。

2. 万能分度头的结构和传动系统

（1）万能分度头的结构

万能分度头的结构如图 3–11 所示。

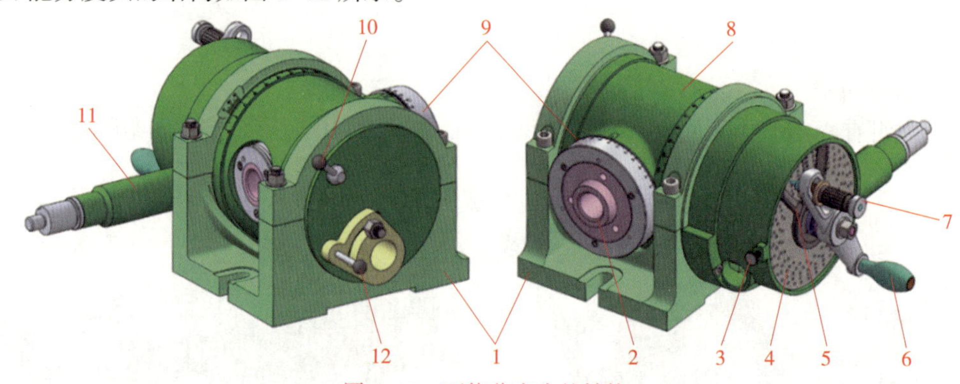

图 3–11　万能分度头的结构

1—基座　2—主轴　3—分度盘紧固螺钉　4—分度盘　5—分度叉　6—分度手柄　7—定位插销　8—回转体　9—刻度盘　10—主轴锁紧手柄　11—侧轴　12—蜗杆脱开手柄

1）基座

基座是分度头的本体，分度头的大部分零件均装在基座上。基座底面槽内装有两块定位键，可与铣床工作台台面上的 T 形槽相配合，以精确定位。

2）分度盘

分度盘又称孔盘，套装在分度手柄轴上。其正反两面各设有若干圈在圆周上均布的定位孔，作为分度操作的依据。分度盘配合分度手柄完成不是整转数的分度工作。不同型号的分度头都配有一块或两块分度盘，F11125 型万能分度头有两块分度盘。分度盘上各孔圈的孔数见表 3–3。

分度盘的左侧有一紧固螺钉，用以在一般工作情况下固定分度盘；松开紧固螺钉，可使分度手柄随分度盘一起做微量的转动调整，或完成差动分度、螺旋面加工等。

3）分度叉

分度叉又称扇形股。分度叉由两个叉脚组成，其开合角度的大小按分度手柄所需转过的孔距数予以调整和固定。分度叉的功用是防止分度差错和方便分度。

表 3-3　　F11125 型万能分度头分度盘上各孔圈的孔数

分度盘组	分度盘上各孔圈的孔数
配有一块分度盘	正面：24、25、28、30、34、37、38、39、41、42、43 反面：46、47、49、51、53、54、57、58、59、62、66
配有两块分度盘	第一块　正面：24、25、28、30、34、37 　　　　反面：38、39、41、42、43 第二块　正面：46、47、49、51、53、54 　　　　反面：57、58、59、62、66

4）侧轴

侧轴与分度头主轴间安装交换齿轮可以进行差动分度，与铣床工作台纵向丝杠间安装交换齿轮可以进行直线移距分度或铣削螺旋面等。

5）蜗杆脱开手柄

蜗杆脱开手柄用以脱开蜗杆与蜗轮的啮合，按刻度盘直接进行分度。

6）主轴锁紧手柄

主轴锁紧手柄通常用于在分度后锁紧主轴，使铣削力不直接作用在分度头的蜗杆、蜗轮上，减小铣削时的振动，保持分度头的分度精度。

7）回转体

回转体安装分度头主轴等壳体形零件，主轴随回转体可沿基座的环形导轨转动，使主轴轴线在以水平为基准的 −6° ~ +90° 范围内做不同仰角的调整。调整时，应先松开基座上靠近主轴后端的两个螺母，调整后再予以固紧。

8）主轴

分度头主轴是一空心轴，F11125 型分度头主轴前后两端均为莫氏 4 号锥孔，前锥孔用来安装顶尖或锥度心轴，后锥孔用来安装挂轮轴，挂轮轴上安装交换齿轮。主轴前端的外部有一段定位锥体（短圆锥），用来安装三爪自定心卡盘的法兰盘。

9）刻度盘

刻度盘固定在主轴的前端，与主轴一起转动。其圆周上有 0° ~ 360° 的等分刻线，在直接分度时用来确定主轴转过的角度。

10）分度手柄

分度手柄用于分度，摇动分度手柄，主轴按一定传动比回转。

11）定位插销

定位插销在分度手柄曲柄的一端，可沿曲柄做径向移动调整到所选孔数的孔圈圆周，与分度叉配合准确分度。

（2）万能分度头的传动系统

万能分度头的传动系统如图 3-12 所示。

分度时，从分度盘定位孔中拔出定位插销，转动分度手柄，手柄轴随着一起转动，通过一对齿数相同（即传动比为 1 : 1）的直齿轮，以及传动比为 40 : 1 的蜗轮蜗杆副，使分度头主轴带动工件转动实现分度。此外，右侧的侧轴通过一对传动比为 1 : 1 的交错轴传动

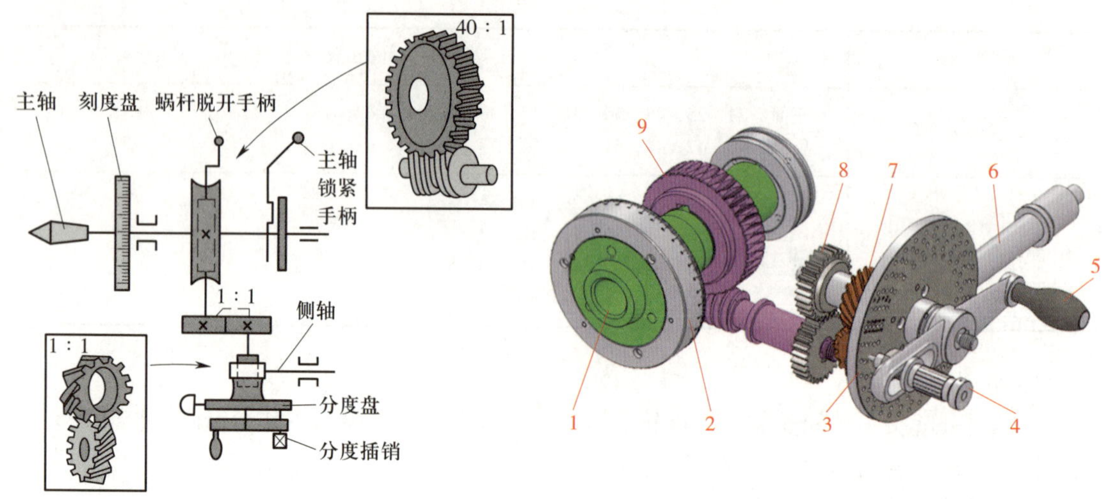

图 3-12　万能分度头的传动系统

1—主轴　2—刻度盘　3—分度盘　4—分度插销　5—分度手柄　6—侧轴
7—螺旋齿轮传动（1 : 1）　8—直齿轮传动（1 : 1）　9—蜗轮蜗杆传动（40 : 1）

的螺旋齿轮与空套在手柄轴上的分度盘相连，当侧轴转动时，带动分度盘转动，用以进行差动分度或铣削螺旋面。

3. 分度方法

（1）简单分度法

在万能分度头上用简单分度法分度时，应先将分度盘固定，转动分度手柄，使蜗杆带动蜗轮旋转，从而带动主轴和工件转过一定的转（度）数。

1）分度原理

由图 3-12 所示的万能分度头传动系统可知，分度手柄转过 40 转，分度头主轴转过 1 转，即传动比为 40 : 1，“40”称为分度头的定数。各种常用的分度头（FK 型数控分度头除外）都采用这个定数。定数也就是分度头内蜗轮蜗杆副的传动比。

例如，要分度头主轴转过 1/2 转（即把圆周二等分），分度手柄需要转过 20 转。如果分度头主轴要转过 1/5 转（即把圆周五等分），分度手柄需要转过 8 转。由此可知，分度手柄的转数与工件等分数的关系如下：

$$40:1=n:\frac{1}{z}$$

即

$$n=\frac{40}{z} \tag{3-1}$$

式中　n——分度手柄转数；

40——分度头的定数；

z——工件的等分数（齿数或边数）。

上式为简单分度的计算公式。当计算得到的转数 n 不是整数而是分数时，可利用分度盘上相应的孔圈进行分度。具体的方法是选择分度盘上某孔圈，其孔数为分母的整倍数，然后将该真分数的分子、分母同时增大该整数倍，利用分度叉实现非整转数部分的分度。

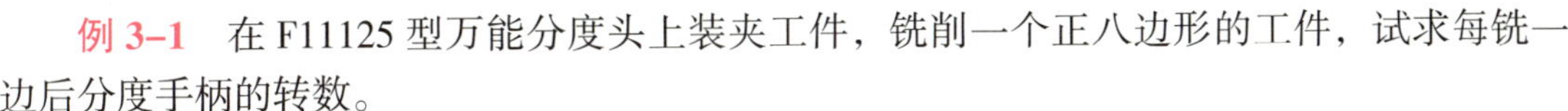

例 3–1　在 F11125 型万能分度头上装夹工件，铣削一个正八边形的工件，试求每铣一边后分度手柄的转数。

解： 将 z=8 代入式（3–1）得：

$$n=\frac{40}{z}=\frac{40}{8}=5$$

答：每铣完一边后，分度手柄应转过 5 转。

例 3–2　在 F11125 型万能分度头上装夹工件，铣削一六角头螺栓的头部，每铣一面时，分度手柄应转过多少转？

解： 将 z=6 代入式（3–1）得：

$$n=\frac{40}{z}=\frac{40}{6}=6\ \frac{2}{3}=6+\frac{44}{66}$$

答：分度手柄应转 6 转，再在分度盘孔数为 66 的孔圈上转过 44 个孔距数。

例 3–3　在 F11125 型万能分度头上装夹工件，铣削一个齿数为 48 的齿轮，分度手柄应转过多少转后再铣第二个齿？

解： 将 z=48 代入式（3–1）得：

$$n=\frac{40}{z}=\frac{40}{48}=\frac{5}{6}=\frac{55}{66}$$

答：分度手柄应转$\frac{55}{66}$转，即在分度盘孔数为 66 的孔圈上转过 55 个孔距数。

2）分度盘和分度叉的使用

由例 3–2 和例 3–3 可以看出，当按式（3–1）计算得到的分度手柄转数为分数（带分数或真分数）时，其非整转数部分的分度需要用分度盘和分度叉进行。使用分度盘与分度叉时应注意以下两点：

①选择孔圈时，在满足孔数是分母整倍数的条件下，一般应选择孔数较多的孔圈。例如，例 3–2 中可选择的孔圈孔数分别是 24、30、39、…、66 共 8 个，一般选择孔数为 42 或 66 的孔圈（分别在第 1 块和第 2 块分度盘的反面）。一方面原因是在分度盘的同一面上孔数多的孔圈离轴心较远，操作方便；另一方面原因是分度的误差较小（准确度高）。

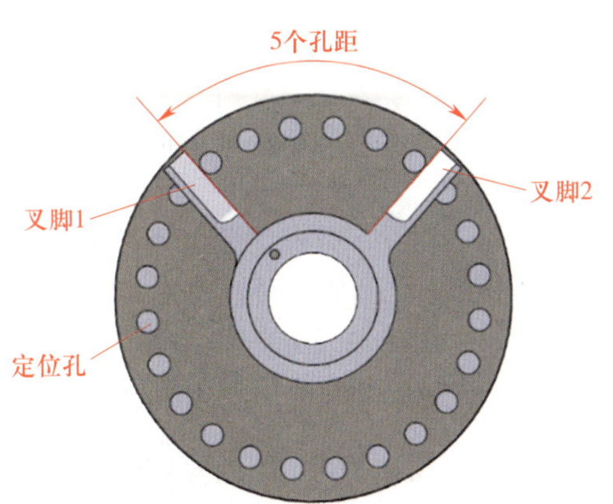

图 3–13　分度叉

②分度叉两叉脚间的夹角可调，调整的方法是使两叉脚间的孔数比需摇动的孔数多 1 个。如图 3–13 所示，两叉脚间有 6 个孔，但只包含了 5 个孔距。在例 3–2 中，如选择孔数为 42 的孔圈，分度叉两叉脚间应有 28+1=29 个分度孔。

每次分度时，将定位插销从叉脚 1 内侧的定位孔中拔出并转动 90° 锁住，然后摇动分度手柄所需的整数圈后，将定位插销摇到叉脚 2 内侧的定位孔上方，将定位插销转动 90° 后轻轻插入该定位孔内，然后转动分度叉使叉脚 1 靠紧定位插销（此时叉脚 2 转动到下一次分度时所需的定位位置）。

（2）角度分度法

角度分度法是简单分度法的另一种形式，只是计算的依据不同，简单分度法是以工件的等分数 z 作为分度计算的依据，而角度分度法是以工件所需转过的角度 θ 作为计算的依据。两者的分度原理相同，只是在具体计算方法上有些不同。

由分度头结构可知，分度手柄转过 40 转，分度头主轴带动工件转过 1 转，即 360°，分度手柄每转过 1 转，工件则转过 9°或 540′，因此，可得出角度分度法的计算公式：

工件转动角度 θ 的单位为度（°）时：

$$n=\frac{\theta}{9} \tag{3-2}$$

工件转动角度 θ 的单位为分（′）时：

$$n=\frac{\theta}{540} \tag{3-3}$$

式中　n——分度手柄的转数；

θ——工件所需转的角度。

例 3-4　在 F11125 型万能分度头上装夹工件，铣削夹角为 116°的两条槽，求分度手柄的转数。

解： 将 θ=116°代入式（3-2）得：

$$n=\frac{\theta}{9}=\frac{116}{9}=12\frac{8}{9}=12\frac{48}{54}$$

答：分度手柄在分度盘孔数为 54 的孔圈上转 12 转再加 48 个孔距。

例 3-5　在 F11125 型万能分度头上装夹工件，铣削图 3-14 所示圆柱形带两槽的工件上的两条直槽，其所夹圆心角 θ=38° 10′，求分度手柄的转数。

解： θ=38° 10′ =2 290′，代入式（3-3）得：

$$n=\frac{\theta}{540}=\frac{2\ 290}{540}=4\frac{13}{54}$$

答：分度手柄在孔数为 54 的孔圈上转 4 转再加 13 个孔距。

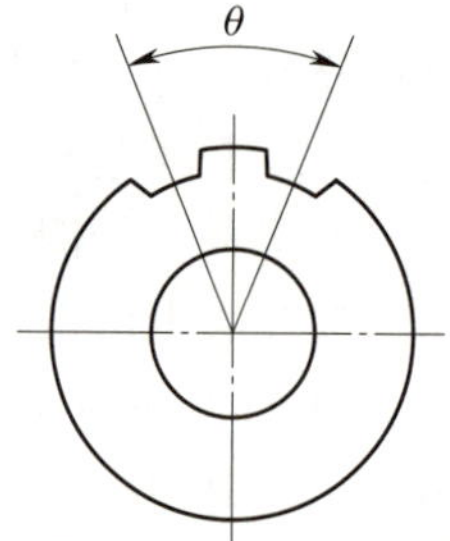

图 3-14　带两槽的工件

（3）差动分度法

由于分度盘上所具有的孔圈有限，有些分度数因选不到合适的孔圈而不能用简单分度法分度，例如 61、67、71 等，这时可采用差动分度法。

差动分度时，要松开分度盘的紧固螺钉，同时在分度头主轴后端锥孔中装上传动轴并安装交换齿轮 Z_1、Z_2、Z_3、Z_4，如图 3-15 所示，将主轴和侧轴联系起来并经过一对螺旋齿轮副传动使分度盘回转，补偿所需的角度，中间轮用于改变分度盘转动的方向。

差动分度法的工作原理为：设工件要求分度数为 Z，且 Z>40，则分度头主轴每次应转 $\frac{1}{Z}$ 转。这时，手柄仍应转过 $\frac{40}{Z}$ 转，即插销应由点 A 转至点 C（见图 3-16）。用点 C 定位，但因分度盘在点 C 处没有相应的孔可供识别位置，因而不能用简单分度法实现分度。为了借用

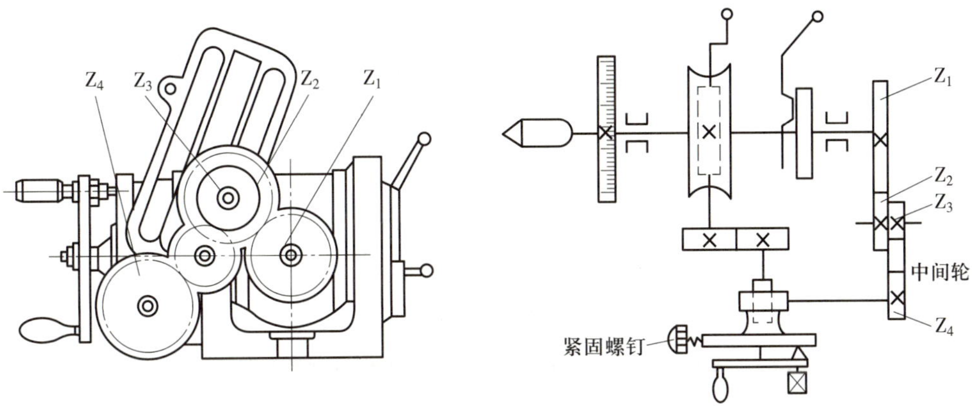

图 3-15 差动分度法工作原理图

分度盘上的孔圈，选取 Z_0 来计算手柄的转数（Z_0 应与 Z 相接近，且能简单分度），则手柄转数为 $\frac{40}{Z_0}$ 转，即插销从点 A 转至点 B，用点 B 定位。这时如果分度盘是固定不动的，手柄转数是 $\frac{40}{Z_0}$ 转而不是所要求的 $\frac{40}{Z}$ 转，其差值为 $\left(\frac{40}{Z}-\frac{40}{Z_0}\right)$ 转。为补偿这一差值，使点 B 的小孔转至点 C 以供插销定位。为此可用交换齿轮将分度头主轴与分度盘连接起来，在分度过程中，当插销自点 A 转 $\frac{40}{Z}$ 转至点 C 时，使分度盘转过 $\left(\frac{40}{Z}-\frac{40}{Z_0}\right)$ 转，使孔恰好与插销对准，如图 3-16 所示。

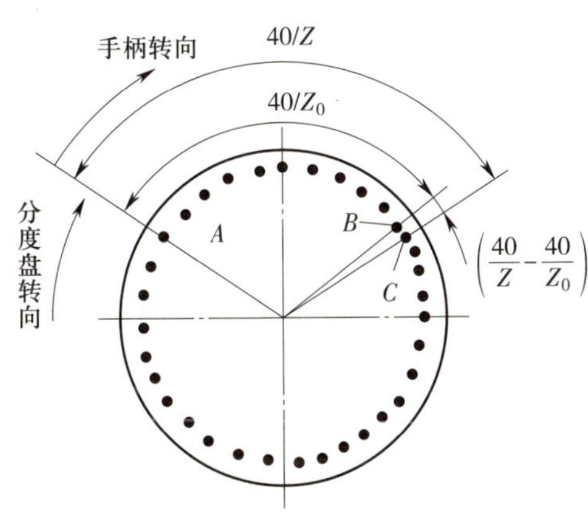

图 3-16 差动分度时手柄插销与分度盘

所以手柄与分度盘之间的运动关系是：手柄转 $\frac{40}{Z}$ 转，分度盘转 $\left(\frac{40}{Z}-\frac{40}{Z_0}\right)$ 转。

运动平衡式为：

$$\frac{40}{Z}\times\frac{1}{1}\times\frac{1}{40}\times\frac{a}{b}\times\frac{c}{d}\times\frac{1}{1}=\frac{40\ (Z_0-Z)}{ZZ_0}$$

化简后得到交换齿轮计算公式为：

$$\frac{a}{b}\times\frac{c}{d}=\frac{40\ (Z_0-Z)}{Z_0}$$

式中 Z——所要求的分度数；

Z_0——假设的分度数。

为了便于选用交换齿轮，Z_0 应选取接近于 Z（Z_0 可大于或小于 Z）且与 40 具有公因数的数值。

选取 $Z_0>Z$ 时，手柄与分度盘旋转方向应相同，交换齿轮传动比为正值。选取 $Z_0<Z$ 时，手柄与分度盘旋转方向应相反，交换齿轮传动比为负值。

为了实现手柄与分度盘的转向相同或相反，可根据分度头的具体结构以及所用到的交换齿轮对数，采取加惰轮或不加惰轮的方法。F11125 型万能分度头备有模数为 2 mm 以下的交换齿轮共 12 个，齿数分别为：25（2 个）、30、35、40、50、55、60、70、80、90、100。

例 3–6　在 X6132 型铣床上，用 F11125 型万能分度头加工齿数为 127 的直齿圆柱齿轮，试进行分度调整计算。

解： 取 Z_0=120（$Z_0<Z$）。

计算分度盘孔圈数及定位插销应转过的孔距数：

$$n_k=\frac{40}{Z_0}=\frac{40}{120}=\frac{1}{3}=\frac{22}{66}$$

即每次分度，手柄应在 66 个孔的孔圈上转过 22 个孔距。

计算交换齿轮数：

$$\frac{a}{b}\times\frac{c}{d}=\frac{40\ (Z_0-Z)}{Z_0}=\frac{40}{120}\times\ (120-127)$$

$$=-\frac{70}{30}=-\frac{25\times70}{30\times25}$$

因为 $Z_0<Z$，所以手柄与分度盘旋转方向应相反。

三、万能铣头

在卧式铣床上安装万能铣头，不仅能完成各种立铣的工作，而且可以根据铣削的需要，把铣头主轴扳成任意角度。

图 3–17a 所示为万能铣头（将铣刀 3 扳成竖直方向）的外形图。其底座 1 用螺栓 2 固定在铣床的垂直导轨上。铣床主轴的运动通过铣头内的两对锥齿轮传到铣头主轴上。铣头的壳体 5 可绕铣床主轴轴线偏转任意角度（见图 3–17b），铣头主轴壳体 4 能在壳体 5 上偏转任意角度（见图 3–17c），因此，铣头主轴能在空间偏转成任意所需要的角度。

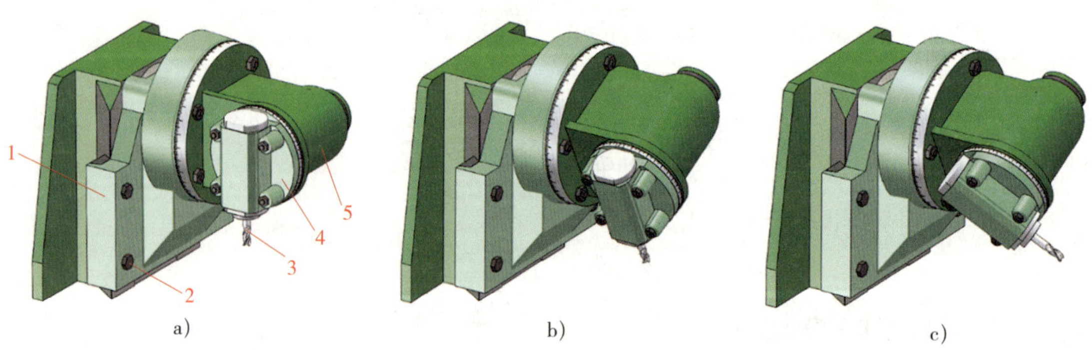

图 3–17　万能铣头

a）铣刀竖直位置　b）壳体绕铣床主轴轴线偏转任意角度　c）主轴壳体偏转任意角度

1—底座　2—螺栓　3—铣刀　4—铣头主轴壳体　5—壳体

四、回转工作台

回转工作台又称圆转台，是铣床的主要附件之一。回转工作台根据回转轴线方向的不同分为卧轴式和立轴式两种，铣床上常用的是立轴式回转工作台。按对其施力方式的不同，回转工作台分为手动进给和机动进给两种，如图 3–18、图 3–19 所示。手动进给回转工作台只能手动进给；机动进给回转工作台既可以机动进给，又能手动进给。机动进给回转工作台的结构与手动进给回转工作台基本相同，主要差别是机动进给回转工作台的传动轴 4 可通过万向联轴器与铣床传动系统连接，实现机动进给，离合器手柄 3 可改变圆工作台的回转方向和停止圆工作台的机动进给，如图 3–19 所示。

回转工作台的规格用圆工作台的外径表示，有 160 mm、200 mm、250 mm、320 mm、400 mm、500 mm、630 mm、800 mm 和 1 000 mm 等规格，常用规格有 250 mm、320 mm、400 mm 和 500 mm 四种。

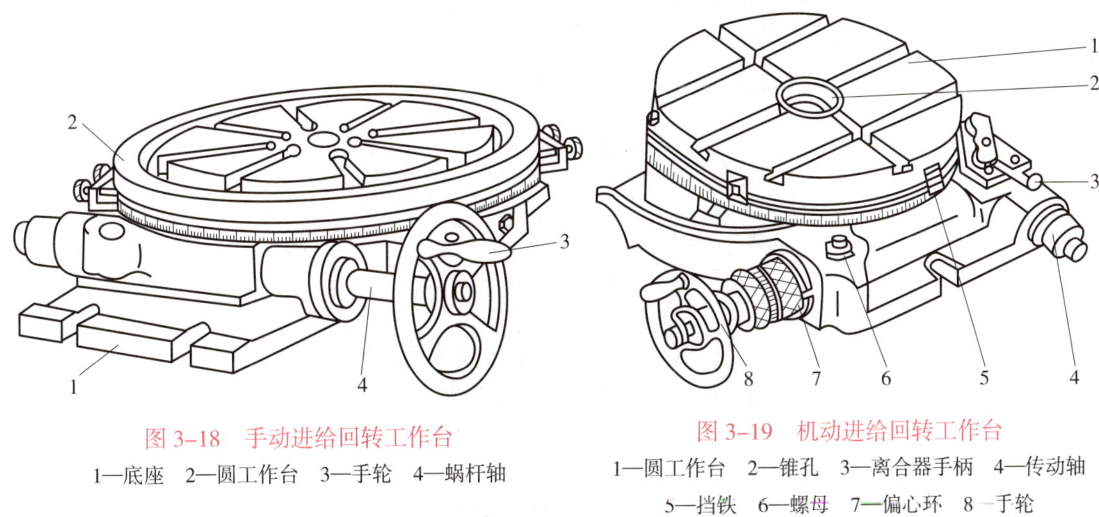

图 3–18　手动进给回转工作台

1—底座　2—圆工作台　3—手轮　4—蜗杆轴

图 3–19　机动进给回转工作台

1—圆工作台　2—锥孔　3—离合器手柄　4—传动轴　5—挡铁　6—螺母　7—偏心环　8—手轮

回转工作台主要用于中小型工件的圆周分度和做圆周进给运动铣削回转曲面，如铣削工件上的圆弧形周边、圆弧形槽、多边形工件和有分度要求的槽或孔等。回转工作台可配备分度盘，在手轮轴上套有分度盘和分度叉，转动带有定位插销的分度手柄，则蜗杆轴（手轮轴）转动，并带动蜗轮（圆工作台）和工件回转，以达到分度目的。

第五节　其他类型铣床

前面介绍了卧式万能升降台铣床的组成，在机械加工中，还经常会用到其他类型的铣床，例如，主轴竖直布置的立式升降台铣床，工具车间常用的万能工具铣床，用于加工大中型工件的龙门铣床以及成形铣床等。各类铣床根据其使用要求的不同，在机床布局和运动方式上各有特点。

一、立式升降台铣床

立式铣床的主要特征是铣床主轴轴线与工作台面垂直。因主轴竖直，所以称作立式铣床。铣削时，铣刀安装在与主轴相连接的刀轴上，绕主轴做旋转运动，被切削工件装夹在工作台上，对铣刀做相对运动，从而完成切削过程。

如图 3–20 所示，主轴 2 安装在立铣头 1 内，可沿自身轴线在 0 ~ 70 mm 范围内做手动进给运动；立铣头可在垂直平面内实现 ±45°范围内偏转，使主轴与工作台面倾斜成所需角度，以扩大铣床的工艺范围。立式铣床的其他部分，如工作台 3、滑鞍 4、升降台 5、进给变速机构 6、主轴变速机构 7 等的结构与卧式升降台铣床相同。

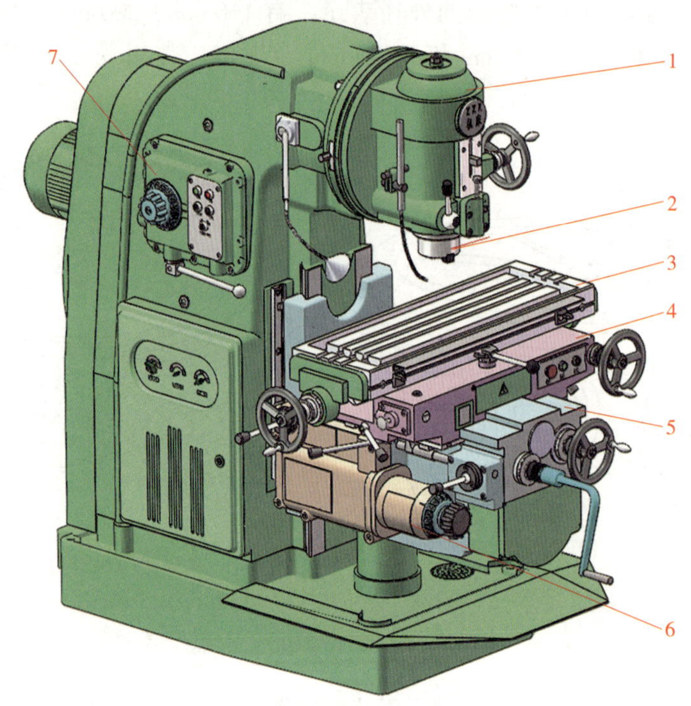

图 3–20　立式升降台铣床

1—立铣头　2—主轴　3—工作台　4—滑鞍　5—升降台

6—进给变速机构　7—主轴变速机构

立式升降台铣床是一种生产效率比较高的机床，能够安装面铣刀、立铣刀、键槽铣刀和半圆键铣刀等，用来加工平面、台阶面、斜面、键槽等，还可以加工内外圆弧面、T 形槽以及凸轮等，同时其在操作时观察加工情况方便，用途广泛，加工范围大，通用性强，是铣削加工常用铣床。

二、龙门铣床

龙门铣床有由床身 10、两根立柱 5 和 7 及顶梁 6 构成的龙门式框架，并因此而得名，如图 3–21 所示。通用的龙门铣床一般有 3 ~ 4 个铣头，分别安装在左、右立柱和横梁 3 上。每个铣头都是一个独立的主运动传动部件，其中包括单独的驱动电动机、变速机构、传动机构、操纵机构和主轴部件等部分。横梁 3 上的两个垂直铣头 4、8 可沿横梁导轨进行水平方向的位置

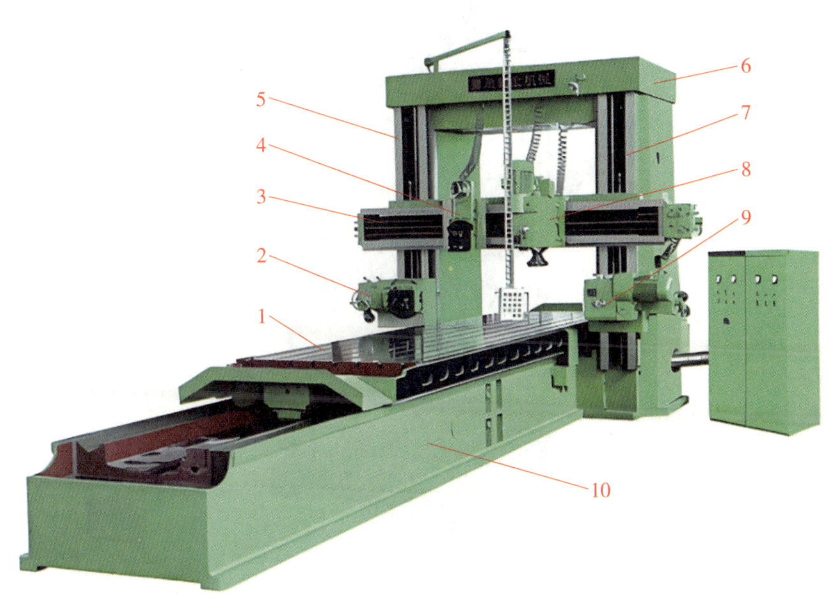

图 3-21 龙门铣床

1—工作台 2、9—水平铣头 3—横梁 4、8—垂直铣头
5、7—立柱 6—顶梁 10—床身

调整。横梁本身及立柱上的两个水平铣头 2、9 可沿立柱上的导轨调整垂直方向位置。各铣刀的背吃刀量均由主轴套筒带动铣刀主轴沿轴向移动来实现。加工时，工作台带动工件做纵向进给运动。由于采用多刀同时切削几个表面，加工效率较高，另外，龙门铣床不仅可以进行粗加工、半精加工，还可以进行精加工。加工对象主要是各类大型工件上的平面、沟槽，借助于附件还可以完成斜面、孔等对象的加工。所以龙门铣床在成批和大量生产中得到广泛应用。

大型、重型和超重型龙门铣床用于加工单件、小批量生产中的大型、重型零件，虽然仅有 1 ~ 2 个铣头，但配备有多种铣削和镗孔附件，所以能满足各种加工的需要。

三、万能工具铣床

万能工具铣床的基本布局与万能升降台铣床相似，如图 3-22 所示。图中万能工具铣床安装有主轴座 1、横梁 2、立铣头 3、工作台 4 和升降台 5，此时可以利用立铣头实现与立式升降台铣床相似的功能。若拆卸立铣头 3 并将横梁 2 向后移动，此时万能工具铣床的功能与卧式升降台铣床相似，只是横向进给运动由主轴座 1 的水平移动来实现，而纵向进给运动和垂向进给运动仍分别由工作台 4 和升降台 5 来实现。

根据加工需要，万能工具铣床还可安装其他附件，如可倾斜工作台、回转工作台、机用虎钳、分度装置、立铣头、插削头（用于插削工件上键槽）等，扩大了其应用范围。

由于万能工具铣床结构小巧，组合面较多，刚度较低，万能性较强，加之机床功率不大，故常用于工具车间，加工形状复杂的各种切削刀具、夹具和模具零件等。

图 3-22　万能工具铣床

1—主轴座　2—横梁　3—立铣头　4—工作台　5—升降台

第四章　磨　　床

第一节　磨床的工艺范围及其组成

一、磨床的工艺范围

磨削加工是指用磨料磨具（砂轮、砂带、磨石和研磨料等）作为工具来切除多余材料的加工方法，如图 4–1 所示。磨削使用的工具主要是高速旋转的砂轮，它能以极高的圆周速度磨削工件，并能加工各种高硬度材料的工件，切除多余的材料，使工件的形状、尺寸和表面粗糙度都符合图样要求。在一般加工条件下，加工精度可达 IT6 ~ IT5 级，表面粗糙度 *Ra* 值为 1.25 ~ 0.32 μm；在高精度外圆磨床上进行精密磨削时，尺寸精度可达 0.2 μm，圆度可达 0.1 μm，表面粗糙度 *Ra* 值可控制到 0.01 μm；精密平面磨削的平面度可达 0.001 5 mm/1 000 mm。

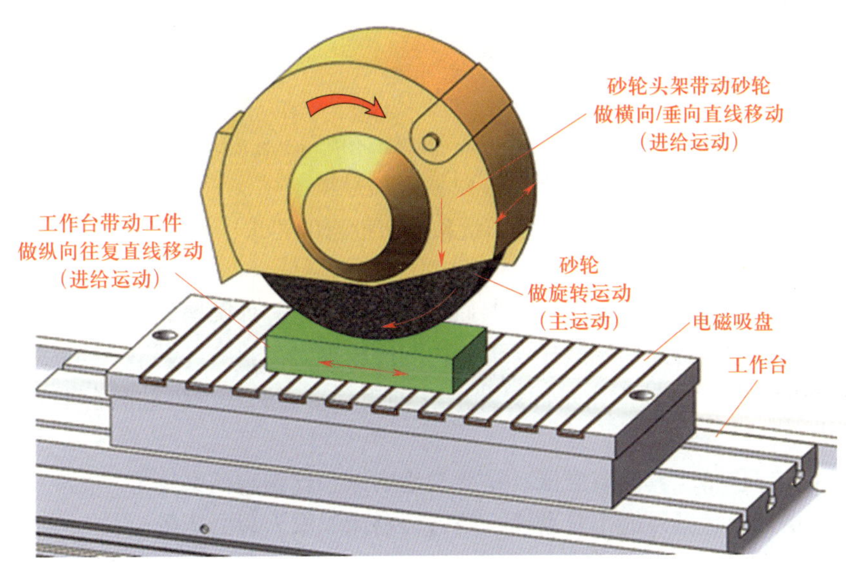

图 4–1　磨削

磨削主要用于零件的内外圆柱面、内外圆锥面、平面和特形面（如花键、螺纹、齿轮等）的精加工，以获得较高的尺寸精度和较小的表面粗糙度值。常见的磨削加工类型如图 4–2 所示。

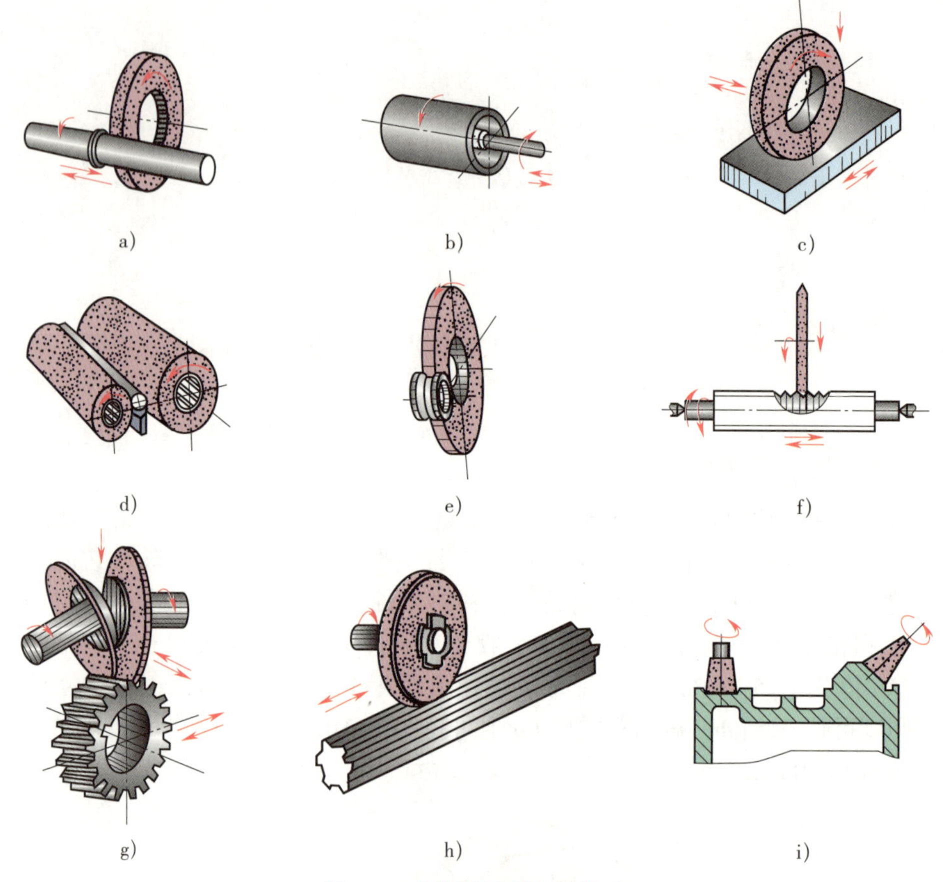

图 4–2 常见的磨削加工类型

a）磨外圆 b）磨内圆 c）磨平面 d）无心磨削 e）磨成形面 f）磨螺纹
g）磨齿轮 h）磨花键 i）磨导轨

为了适应磨削各种加工表面、工件形状和生产批量的要求，磨床的种类很多，主要有以下几类：

1. 外圆磨床：包括万能外圆磨床、普通外圆磨床、无心外圆磨床等。

2. 内圆磨床：包括普通内圆磨床、无心内圆磨床等。

3. 平面磨床：包括卧轴矩台平面磨床、立轴矩台平面磨床、卧轴圆台平面磨床、立轴圆台平面磨床等。

4. 工具磨床：包括工具曲线磨床、钻头沟槽磨床、丝锥沟槽磨床等。

5. 刀具刃磨床：包括万能工具磨床、拉刀刃磨床、滚刀刃磨床等。

6. 各种专门化磨床：它是专门用于磨削某一类零件的磨床，包括曲轴磨床、凸轮轴磨床、花键轴磨床、球轴承套圈沟磨床、活塞环磨床、叶片磨床、导轨磨床、中心孔磨床等。

7. 其他磨床：包括珩磨床、研磨机、抛光机、超精加工机床、砂轮机等。

在生产中应用最广泛的是外圆磨床、内圆磨床和平面磨床三类。目前，数控磨床的应用也在不断扩展。现代磨床的主要发展趋势是：提高机床的加工效率，提高机床的自动化程度以及进一步提高机床的加工精度和减小表面粗糙度值。

二、常用磨床的组成

以 M1432A 型万能外圆磨床为例介绍磨床的组成。如图 4–3 所示，M1432A 型万能外圆磨床由床身 9、上工作台 7、下工作台 8、头架 1、尾座 6 以及砂轮架 5 等部件组成。床身 9 是一个箱形铸件，用来支承磨床的各个部件，在床身上面有纵向导轨和横向导轨两组导轨，纵向导轨上装有上工作台 7、下工作台 8，横向导轨上装有砂轮架 5。在床身内部装有液压传动系统和其他传动机构。

头架 1 和尾座 6 都安装在上工作台 7 上。头架上装有主轴，可用顶尖或卡盘夹持工件，并带动工件旋转，头架上的变速机构可以使工件获得不同的转速。尾座的套筒内装有顶尖，当两顶尖装夹工件时，用它支承工件的另一端。尾座可沿着工作台面上的导轨左右移动，以适应磨削不同长度的工件，在尾座套筒的后端装有弹簧，可调节对工件的压力。头架也同样可以移动，但不常使用。

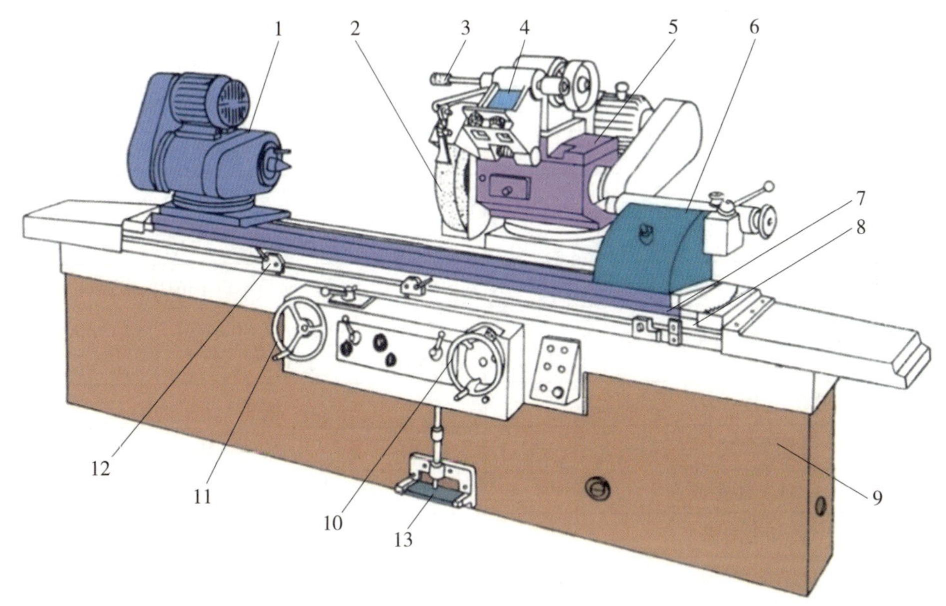

图 4–3　M1432A 型万能外圆磨床

1—头架　2—砂轮　3—内圆磨具　4—磨架　5—砂轮架　6—尾座　7—上工作台　8—下工作台　9—床身
10—横向进给手轮　11—纵向进给手轮　12—换向挡块　13—脚踏操纵板

工作台由液压传动，沿着床身上的纵向导轨做直线往复运动，使工件实现纵向进给。在工作台前侧的 T 形槽内，装有两个可调整位置的换向挡块 12，用以控制工作台的自动换向。工作台移动也可由纵向进给手轮 11 传动，以实现调节或手动进给。上工作台 7 可相对下工作台 8 的中心回转一个角度，顺时针方向为 3°，逆时针方向为 6°，以便磨削圆锥面。在磨削圆柱面时产生的锥度可以通过调整上工作台 7 加以消除。

砂轮 2 装在砂轮架 5 的主轴上，由单独的电动机经带轮直接传动，使砂轮 2 旋转，摇动横向进给手轮 10 使砂轮架 5 沿着床身后部的横向导轨前后移动。

内圆磨具 3 用于磨削内圆表面。在它的主轴上可安装内圆磨削砂轮，由一个电动机经传动带直接传动。内圆磨具装在可绕铰链回转的磨架 4 上，不用时翻向砂轮架 5 的上方，使用时翻向下方。

砂轮架 5 和头架 1 都可绕垂直轴线回转一定角度，以磨削锥角较大的圆锥面，回转角的大小可从刻度盘中读出。

三、常用磨床的技术参数

M1432A 型万能外圆磨床的主要技术参数及规格见表 4–1。

表 4–1　M1432A 型万能外圆磨床的主要技术参数及规格

技术参数	规格
外圆磨削直径	ϕ 8 ~ 320 mm
最大外圆磨削长度	1 000 mm、1 500 mm、2 000 mm
外圆磨削砂轮主轴转速	1 620 r/min
内圆磨削直径	ϕ 13 ~ 100 mm
最大内圆磨削长度	125 mm
内圆磨削砂轮主轴转速	10 000 r/min、15 000 r/min
外圆磨削砂轮主轴的快速移动量	50 mm
进给手轮每格刻度	0.002 5 ~ 0.025 mm
磨削工件最大质量	150 kg
砂轮尺寸（外直径 × 厚度 × 内直径）	ϕ 400 mm × 50 mm × ϕ 203 mm
头架主轴转速（6 级）	25 r/min、50 r/min、80 r/min、112 r/min、160 r/min、224 r/min
工作台纵向移动速度（液压无级调速）	0.05 ~ 4 m/min
油泵压力	25 MPa
油泵排量	100 L/min
冷却泵流量	25 L/min
电动机总功率	8.975 kW
砂轮电动机功率	5.5 kW
机床总质量	3 600 ~ 4 300 kg
表面粗糙度 *Ra* 值	0.4 ~ 0.2 μm

第二节　M1432A 型万能外圆磨床的传动系统

M1432A 型万能外圆磨床主要用于磨削圆柱形或圆锥形的内外圆表面，还可以磨削台阶轴的轴肩和端平面。其工艺范围较广，但磨削效率不够高，适用于单件、小批量生产，常用于工具车间和机修车间。

一、典型加工方法

图 4–4 所示为万能外圆磨床上几种典型加工的示意图。分析这几种典型加工情况可知，磨床应具有下列运动：磨外圆时砂轮的旋转主运动 n_t；磨内圆时砂轮的旋转主运动 n_t；工件旋转圆周进给运动 n_w；工件往复纵向进给运动 f_a；砂轮横向进给运动 f_r（往复纵磨时为周期间隙进给，切入磨削时连续进给）。

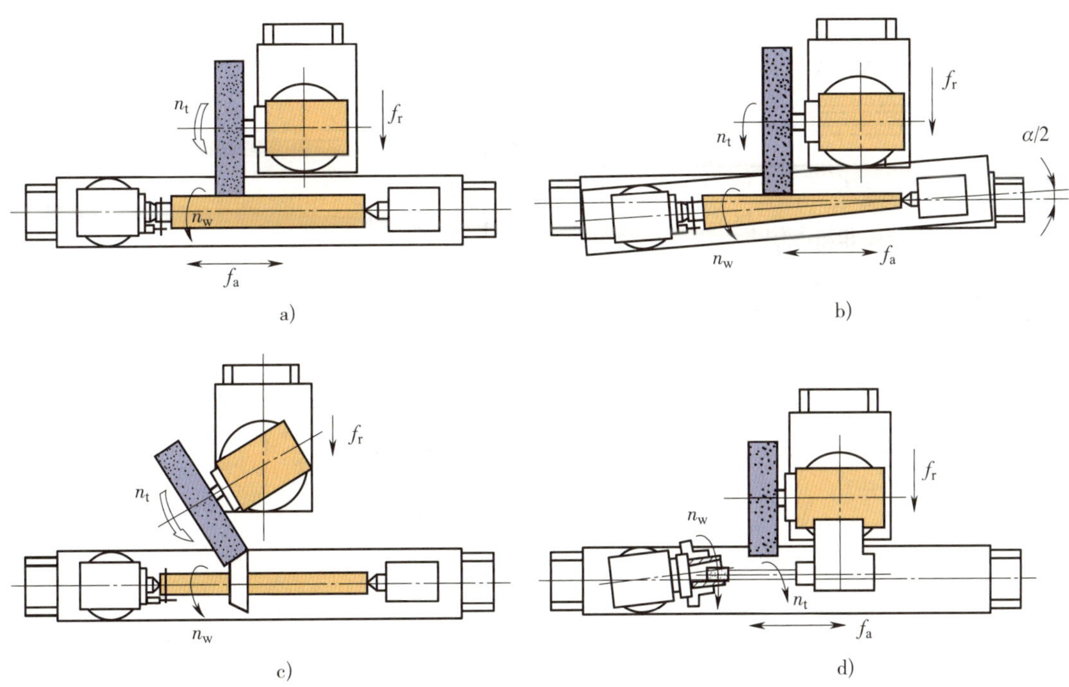

图 4–4　万能外圆磨床典型加工示意图

a）纵磨法磨外圆柱面　b）扳转工作台用纵磨法磨长圆锥面　c）扳转砂轮架用切入法磨短圆锥面　d）扳转头架用纵磨法磨内圆锥面

此外，磨床还具有两个辅助运动：为装卸和测量工件方便所需的砂轮架横向快速进退运动和为装卸工件所需要的尾座套筒伸缩移动。

二、M1432A 型万能外圆磨床机械传动系统

M1432A 型万能外圆磨床各部件的运动，由液压和机械传动系统来实现。其中，工作台纵向直线进给运动、砂轮架的快速前进和后退、砂轮架丝杠螺母副间隙消除、工作台的液压传动与手动互锁等，均由液压传动系统配合机械传动系统来实现，其他运动都由机械传动系统来完成。图 4–5 所示为 M1432A 型万能外圆磨床机械传动系统图。

1. 砂轮主轴的旋转主运动

砂轮主轴由 1 440 r/min、4 kW 的电动机驱动，经四根 V 带直接传动，使主轴获得 1 620 r/min 的转速，如图 4–5 所示。砂轮主轴转速的计算公式如下：

$$n_{砂轮主轴}=n_{电动机}\times\frac{126\ \text{mm}}{112\ \text{mm}}=1\ 440\ \text{r/min}\times\frac{126\ \text{mm}}{112\ \text{mm}}=1\ 620\ \text{r/min}$$

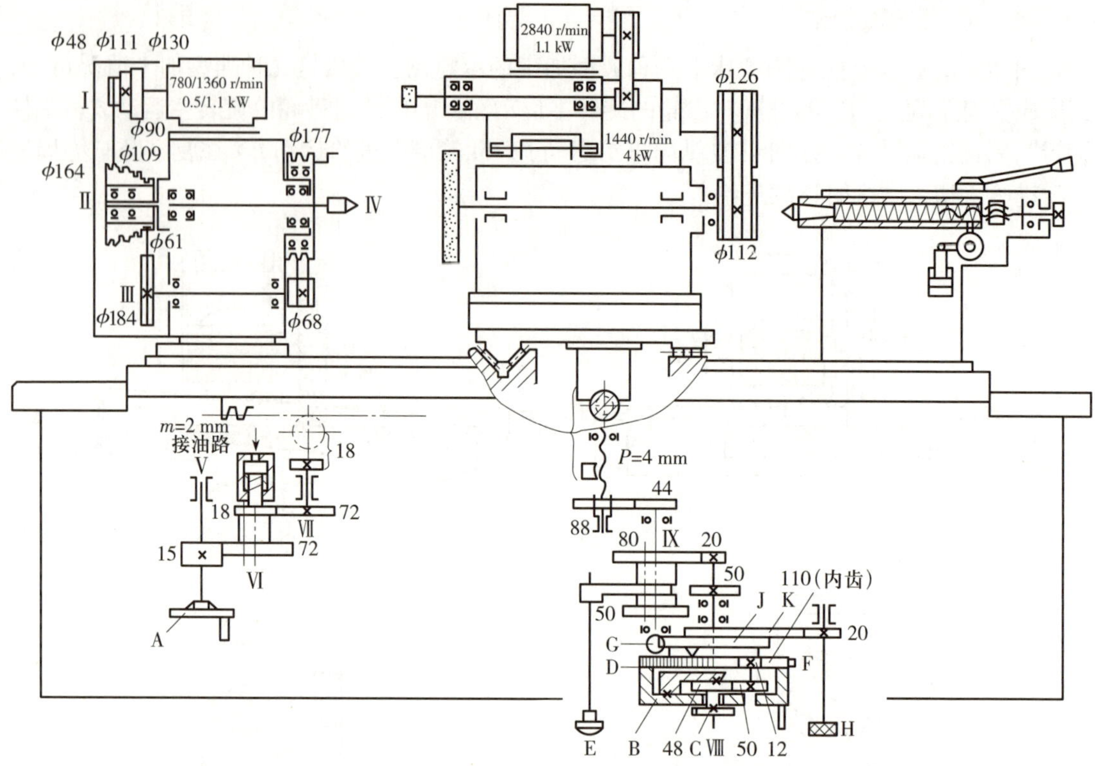

图 4–5　M1432A 型万能外圆磨床机械传动系统图

2. 内圆砂轮主轴的旋转主运动

内圆砂轮主轴由内磨装置上的 2 840 r/min、1.1 kW 的电动机驱动，经平带直接传动，可更换带轮，使主轴获得 10 000 r/min 和 15 000 r/min 两种转速，如图 4–5 所示。

3. 头架主轴的圆周进给运动

工件头架主轴由双速电动机（780/1 360 r/min，0.5/1.1 kW）驱动，经 V 带塔轮的两级带传动带动工件，实现工件的圆周进给运动，如图 4–5 所示。其传动路线表达式为：

$$\text{双速电动机 I} - \begin{bmatrix} \dfrac{48}{164} \\ \dfrac{111}{109} \\ \dfrac{130}{90} \end{bmatrix} - \text{II} - \frac{61}{184} - \text{III} - \frac{68}{177} - \text{拨盘（固定顶尖、回转顶尖磨削）}$$

4. 工作台的纵向进给运动

工作台的纵向进给运动是由液压系统来实现的，但为了调整机床和磨削台阶轴的台阶，工作台还可以由手轮驱动。其中轴Ⅵ上小油缸的作用是：当工作台由液压传动做纵向进给时，为了避免工作台带动手轮 A 快速旋转而碰伤操作人员，将小油缸接通油路推动轴Ⅵ的双联齿轮，使一对啮合齿轮副 $\frac{18}{72}$ 脱开，从而使手轮 A 不再旋转。

当工作台不用液压传动时，小油缸上腔接通油池，在油缸内弹簧的作用下，使齿数为18的齿轮与齿数为72的齿轮重新啮合传动，转动手轮A，经齿轮副$\frac{15}{72}$、齿轮副$\frac{18}{72}$、齿数为18的齿轮和齿条，实现工作台手动纵向直线移动，如图4–5所示。其传动路线表达式为：

$$手轮A-\text{V}-\frac{15}{72}-\text{VI}-\frac{18}{72}-\text{VII}-齿轮（z=18）-齿条-工作台纵向移动$$

5. 砂轮架的横向进给运动

砂轮架的横向进给运动分两种形式：一种是手动（通过手轮B），另一种是液压驱动（通过油缸的柱塞G）。其传动路线表达式为：

$$\left.\begin{array}{r}手轮B（手动进给）\\ 进给油缸柱塞G（自动进给）\end{array}\right]-\text{VIII}-\left[\begin{array}{l}\frac{50}{50}（粗进给）\\ \frac{20}{80}（细进给）\end{array}\right]-\text{IX}-\frac{44}{88}-横向进给丝杠$$

三、M1432A型万能外圆磨床液压传动系统

横向进给和砂轮的快速引进、退出均为液压传动，图4–6所示为M1432A型万能外圆磨床液压传动系统图。磨床采用液压传动是因其工作平稳，无冲击振动。整个系统由油泵、油缸、安全阀、节流阀、换向阀、操纵手柄等部件组成。

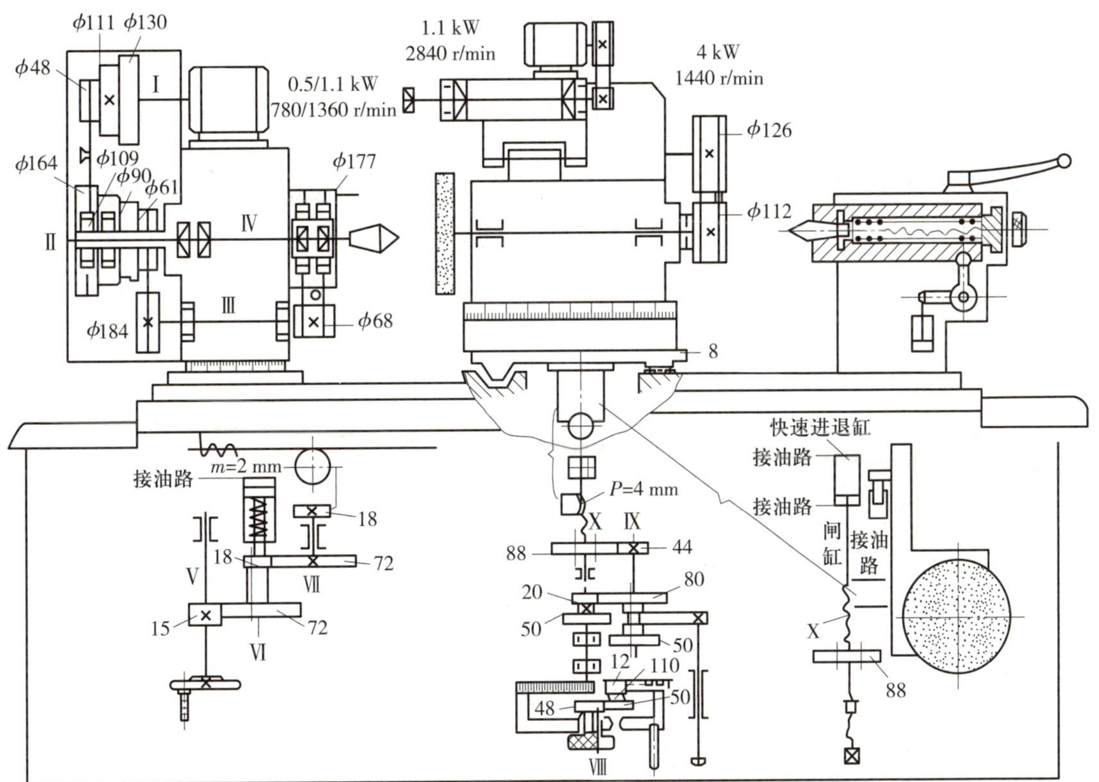

图4–6　M1432A型万能外圆磨床液压传动系统图

第三节 外圆磨床的主要结构

一、主轴部件

1. 砂轮架

砂轮架由壳体、砂轮主轴及其轴承、传动装置与滑板等组成。砂轮主轴及其支承部分的结构将直接影响工件的加工精度和表面粗糙度，是砂轮架部件中的关键部分，因此，应保证砂轮主轴有较高的旋转精度、刚度、抗振性和耐磨性。

图 4–7 所示的砂轮架中，砂轮主轴 5 以两端锥体定位，前端通过压盘 1 安装砂轮，后端通过锥体安装带轮 13。主轴的前后支承均采用“短三瓦”动压滑动轴承，每个轴承由均布在圆周上的三块扇形轴瓦 19 组成。每块轴瓦都支承在球头螺钉 20 的球形端头上，由于球头中心在周向偏离轴瓦对称中心，当主轴高速旋转时，在轴瓦与主轴颈之间形成三个楔形缝隙，于是在三块轴瓦处形成三个压力油楔，砂轮主轴在三个压力油楔的作用下，悬浮在轴承中心而呈纯液体摩擦状态。调整球头螺钉 20 的位置，即可调整主轴轴颈与轴瓦之间的间隙。通常间隙应为 0.01 ~ 0.02 mm。调整好以后，用螺套 21 和锁紧螺钉 22 保持锁紧，防止球头螺钉 20 松动而改变轴承间隙，最后用封口螺钉 23 密封。

砂轮主轴 5 由止推环 8 和推力球轴承 10 进行轴向定位，并承受左右两个方向的轴向力。推力球轴承的间隙由装在带轮内的六根弹簧通过销子 14 自动消除。

砂轮工作时的圆周速度很高，为了保证砂轮运转平稳，采用带传动直接传动至砂轮主轴。装在主轴上的零件都要仔细经过静平衡校正，整个主轴部件还要经过动平衡校正。

砂轮架壳体 4 内装有润滑油来润滑主轴轴承（通常用 2 号主轴油并经严格过滤），油面高度可通过油标观察。主轴两端采用橡胶油封实现密封。

砂轮架壳体 4 用螺钉紧固在滑鞍 16 上，它可绕滑鞍上的定位轴销 17 回转一定角度以磨削锥度大的短锥体。磨削时，通过横向进给机构和半螺母 18，使滑鞍 16 带着砂轮架沿横向滚动导轨做横向进给运动或快速进退运动。

2. 内磨装置

万能外圆磨床除磨削外回转面外，还需磨削内圆，所以应具有内磨装置。如图 4–8 所示，内磨装置主要由内圆磨具和支架两部分组成。它通常以铰链连接方式装在砂轮架的前上方，使用时翻向下方，位置如图 4–8 所示，不用时翻向上方。

图 4–9 所示的内圆磨具是磨内圆时使用的砂轮主轴部件。磨削内圆时因砂轮直径较小，为达到一定的磨削速度，要求砂轮轴具有很高的转速，因此内圆磨具除了应保证主轴在高转速下运转平稳，还应具有足够的刚度和抗振性。内圆磨具的主轴由平带传动。主轴前后轴承各用两个 P5 级精度的角接触球轴承，用弹簧 3 通过套筒 2 和 4 进行预紧。主轴的前端有一莫氏锥孔，可根据磨削孔的深度安装不同的接长轴（见图 4–9 中的 1）；后端有一外锥面，可以安装平带轮，由电动机通过平带直接传动至主轴。

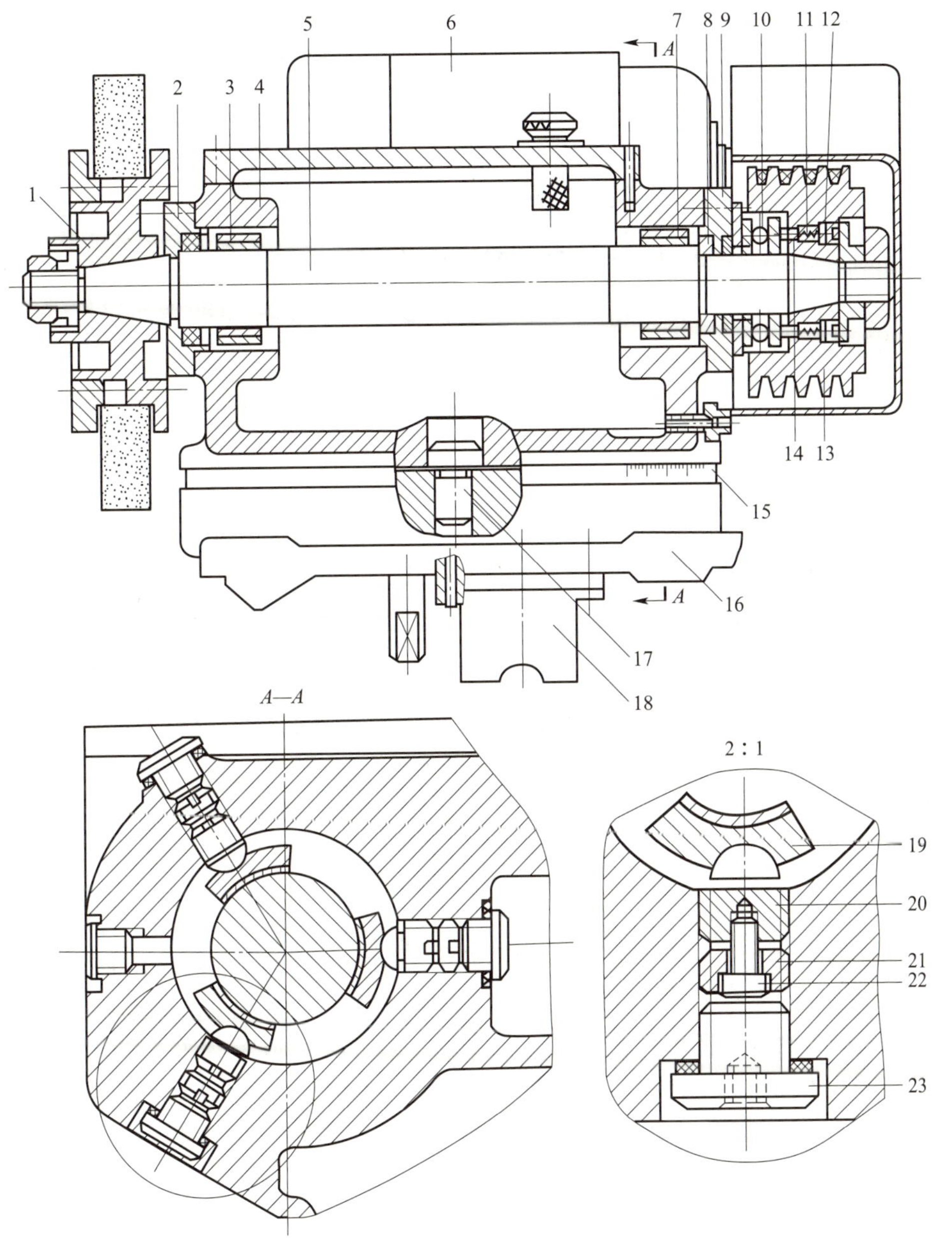

图 4-7　砂轮架

1—压盘　2、9—轴承盖　3、7—动压滑动轴承　4—壳体　5—砂轮主轴　6—主电动机　8—止推环　10—推力球轴承　11—弹簧　12—调节螺钉　13—带轮　14—销子　15—刻度盘　16—滑鞍　17—定位轴销　18—半螺母　19—扇形轴瓦　20—球头螺钉　21—螺套　22—锁紧螺钉　23—封口螺钉

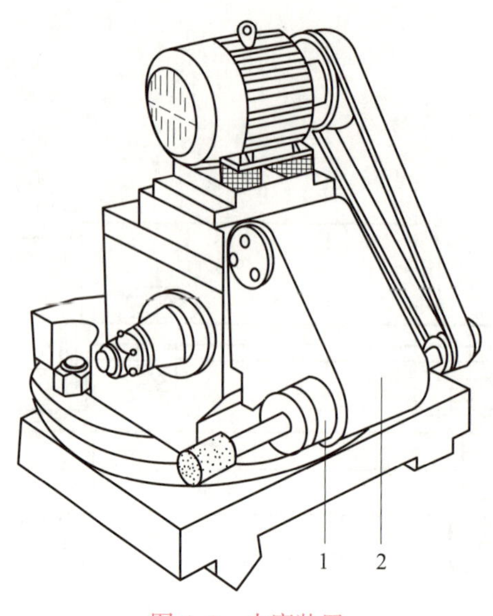

图 4-8　内磨装置

1—内圆磨具　2—支架

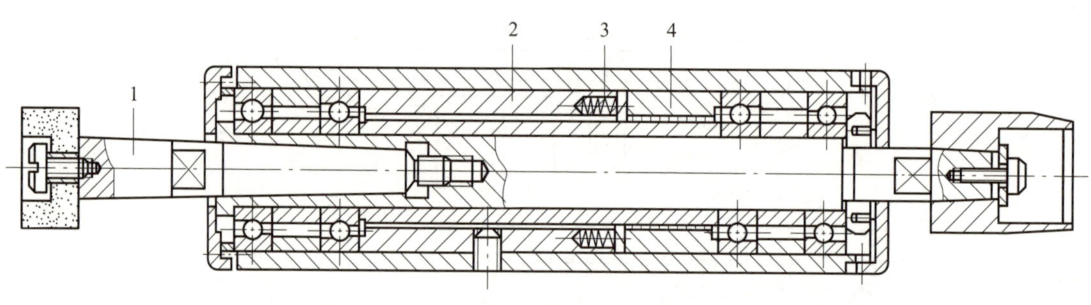

图 4-9　内圆磨具

1—接长轴　2、4—套筒　3—弹簧

二、头架

头架由壳体、头架主轴及其轴承、传动装置、底座等组成，如图 4-10 所示。头架主轴 10 支承在四个 P5 级精度的角接触球轴承上，靠修磨隔套 3、5 和 8 的厚度，可对轴承进行预紧，以保证主轴部件的刚度和旋转精度。

双速电动机 6 经塔轮变速机构和两组带轮带动工件转动，可得到六级转速。带的张紧分别靠转动偏心套 13 和移动电动机底座实现。主轴上的带轮 12 采用卸荷式结构，以减小主轴的弯曲变形。

根据不同的加工需要，头架主轴可分为三种工作方式。

1. 在前后顶尖间支承工件磨削

工件支承在前后顶尖上磨削时，需拧动螺杆 2 顶紧摩擦环 1（见图 4-10a），使头架主轴 10 和顶尖固定，不能转动。工件则由与带轮 12 相连接的拨盘 9 上的拨杆 7 通过夹头带动旋转，实现圆周进给运动。由于磨削时顶尖固定，因此可避免因顶尖的旋转误差而影响磨削精度。

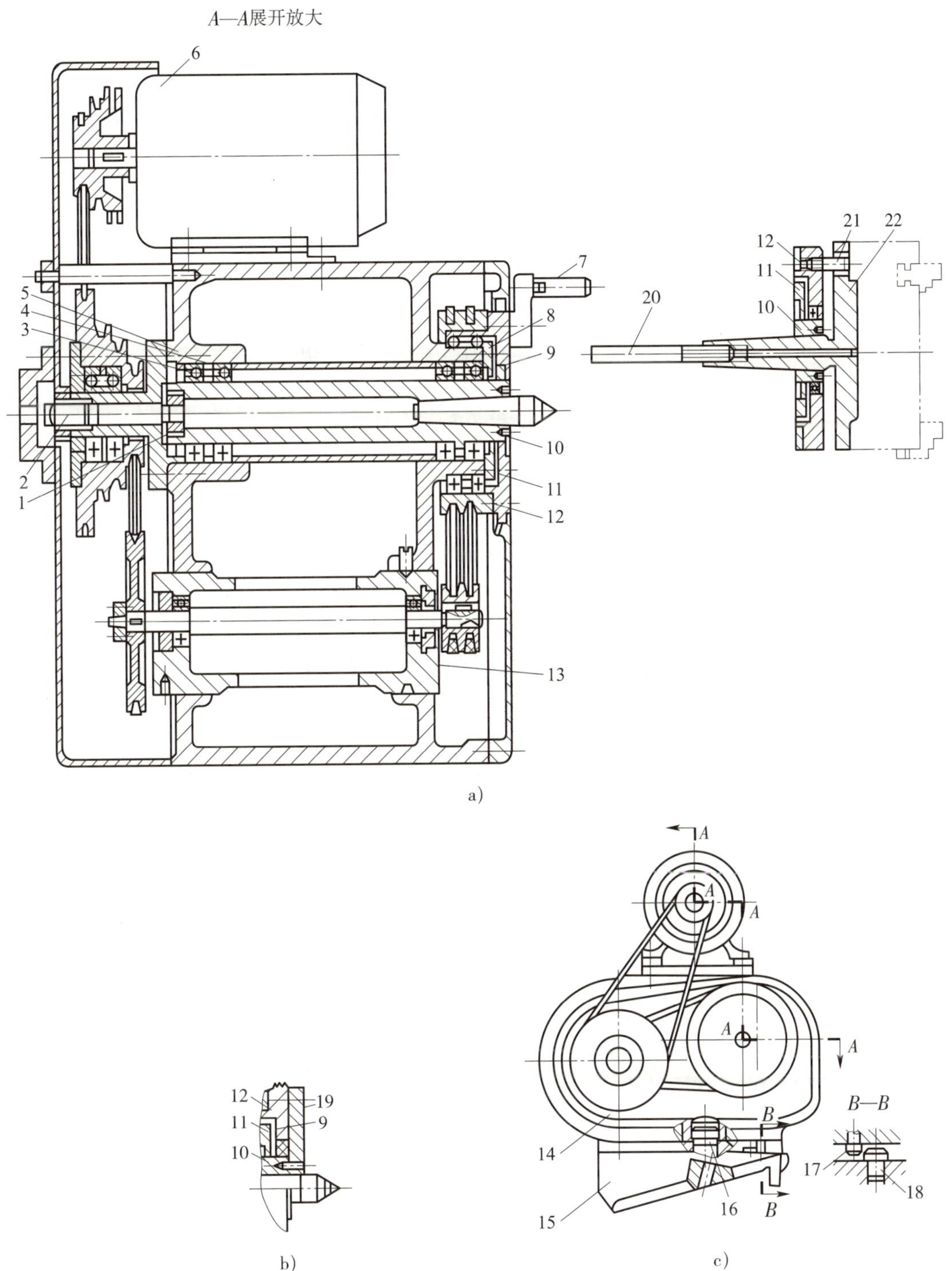

图 4-10 头架

a）头架各轴展开剖切位置示意图 b）自磨主轴顶尖 c）头架各轴空间位置图

1—摩擦环 2—螺杆 3、5、8—隔套 4、11—轴承盖 6—双速电动机 7—拨杆 9—拨盘 10—主轴 12—带轮 13—偏心套 14—壳体 15—底座 16—轴销 17—销子 18—固定销 19—拨块 20—拉杆 21—拨销 22—法兰盘

2. 用三爪自定心卡盘或四爪单动卡盘夹持工件磨削

用三爪自定心卡盘或四爪单动卡盘夹持工件磨削时，需拧松螺杆 2，使头架主轴 10 可自由转动。三爪自定心卡盘或四爪单动卡盘安装在法兰盘 22 上，而法兰盘 22 通过其锥柄安装在主轴的莫氏锥孔内，并用通过主轴通孔的拉杆 20 拉紧（见图 4–10a）。旋转运动由拨盘 9 上的拨销 21 传给法兰盘 22，同时主轴也随着一起转动。

3. 自磨主轴顶尖

有时磨床需修磨自身的顶尖。修磨时应将主轴放松，同时用拨块 19 将拨盘 9 和头架主轴 10 相连（见图 4–10b），使拨盘 9 直接带动主轴和顶尖旋转，依靠机床自身修磨顶尖，提高工件的定位精度。

头架壳体 14 可绕底座 15 上的轴销 16 转动，调整头架位置的角度范围为逆时针方向 0° ~ 90°。

三、尾座

尾座的功用是利用安装在尾座套筒上的顶尖（后顶尖），与头架主轴上的前顶尖一起支承工件，使工件实现准确定位。某些外圆磨床的尾座可在横向做微量位移调整，以便精确地控制工件的锥度。

中小型外圆磨床的尾座（见图 4–11）一般都用弹簧力预紧工件，以便磨削过程中工件因热胀而伸长时，可自动进行补偿，避免引起工件弯曲变形和顶尖孔过分磨损。顶紧力的大小可以调节，利用手把 12 转动丝杠 13，使螺母 14 左右移动（螺母 14 由于受销子 11 的限制，不能转动），改变弹簧 10 的压缩量，便可调整顶尖对工件的预紧力。

尾座套筒 2 在装卸工件时，可以手动退回，也可以液动退回。手动退回时，可顺时针转动手柄 7，通过轴 8 和轴套 9，由上拨杆 15 拨动尾座套筒 2，连同顶尖 1 一起向后退回。液动退回时，用脚踏“脚踏操纵板”（见图 4–3 中 13），操纵液压系统中的换向滑阀，使压力油进入液压缸（加工在尾座壳体 4 上）左腔，推动活塞 5 右移，通过下拨杆 6 和轴套 9 带动上拨杆 15 顺时针转动，拨动尾座套筒 2 和顶尖 1 退回。

尾座套筒前端的密封盖 3 上有一斜孔 a，用于安装修整砂轮的金刚石杆。

四、横向进给机构

横向进给机构用于实现砂轮架的周期或连续横向工作进给、位移调整和快速进退，以确保砂轮和工件的相对位置，控制工件的尺寸。因此，对它的基本要求是保证砂轮架有高的定位精度和进给精度。

横向进给机构的工作进给有手动的，也有自动的，调整位移一般用手动，而定距离的快速进退通常都采用液压传动。图 4–12 所示是可手动进给，也可周期自动进给的横向进给机构。

1. 手动进给

图 4–12a 所示为手动进给系统，用手转动手轮 11，经过用螺钉与其相连接的中间体 17 带动轴Ⅱ，再由齿轮副 $\frac{50}{50}$ 或 $\frac{20}{80}$，经齿轮副 $\frac{44}{88}$ 带动丝杠 16 转动（螺距 P=4 mm），可使砂轮架 5 做横向进给。手轮转一周，砂轮架的横向进给量为 2 mm（粗进给）或 0.5 mm（细进给），手轮 11 的刻度盘 9 上的刻度为 200 格，因此每格进给量为 0.01 mm 或 0.002 5 mm。

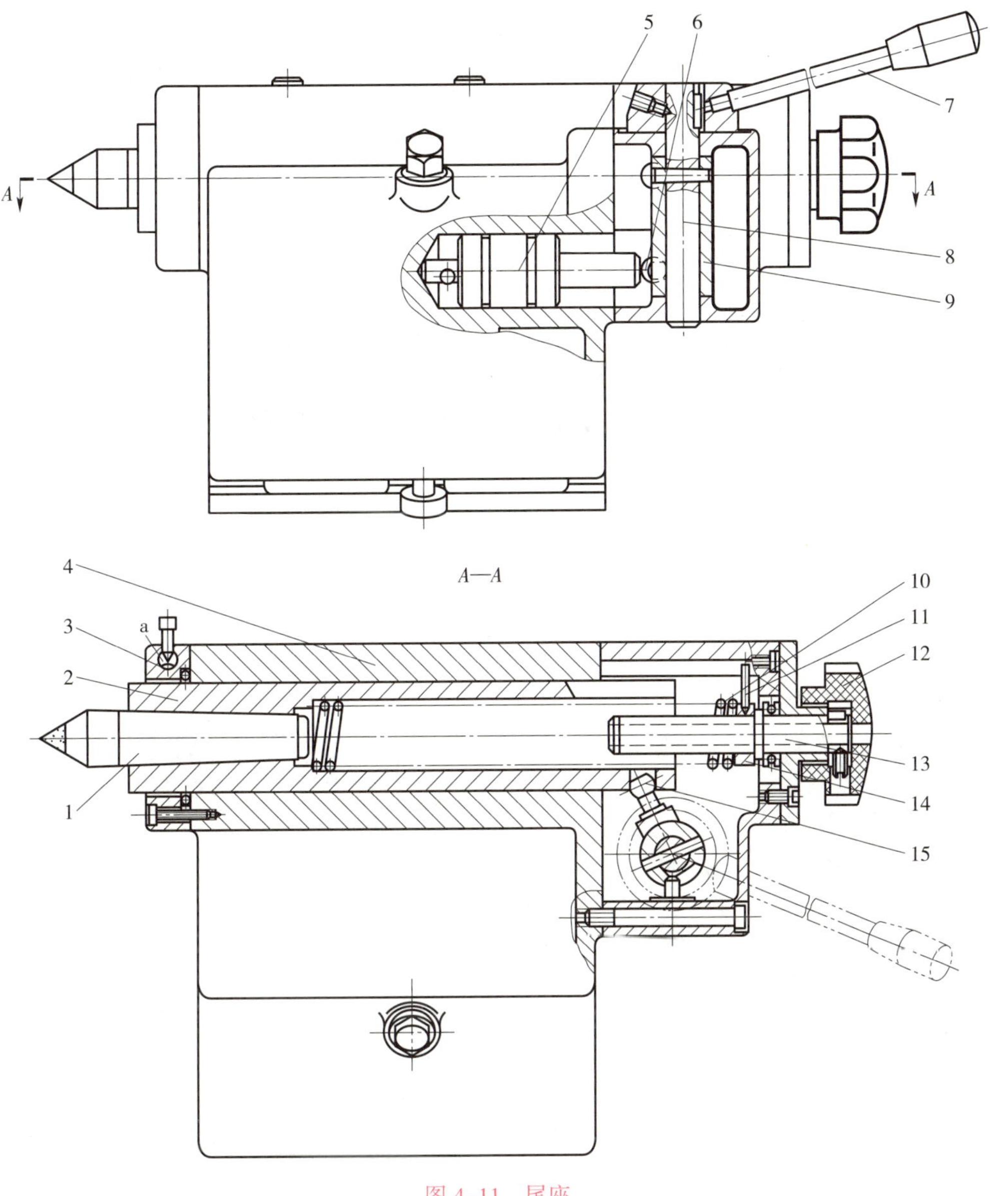

图 4-11　尾座

1—顶尖　2—尾座套筒　3—密封盖　4—壳体　5—活塞　6—下拨杆　7—手柄　8—轴
9—轴套　10—弹簧　11—销子　12—手把　13—丝杠　14—螺母　15—上拨杆

2. 周期自动进给

图 4-12b 所示为周期自动进给系统，周期自动进给由进给液压缸的柱塞 18 驱动。当工作台换向，液压油进入进给液压缸右腔，推动柱塞 18 向左侧运动，这时空套在柱塞 18 内的销轴上的棘爪 19 推动棘轮 8 转过一个角度，棘轮 8 用螺钉和中间体 17 紧固在一起，转动丝杠 16，实现一次自动进给；进给完成后，进给液压缸右腔与回油路接通，柱塞 18 在左端弹簧作用下复位，转动齿轮 20，使遮板 7 改变位置，可以改变棘爪 19 能推动棘轮 8 的齿数，

从而改变进给量的大小。棘轮 8 上有 200 个齿，与刻度盘 9 上 200 格刻度相对应，棘爪 19 最多能推动棘轮 8 转过 4 个齿，相当于刻度盘转过 4 个格。当横向进给达到工件规定尺寸后，装在刻度盘 9 上的撞块 14 正好处于垂直线 *aa* 上的手轮 11 正下方，由于撞块 14 的外圆直径与棘轮 8 的外圆直径相等，压下棘爪 19，棘爪 19 与棘轮 8 脱开，横向进给运动停止。

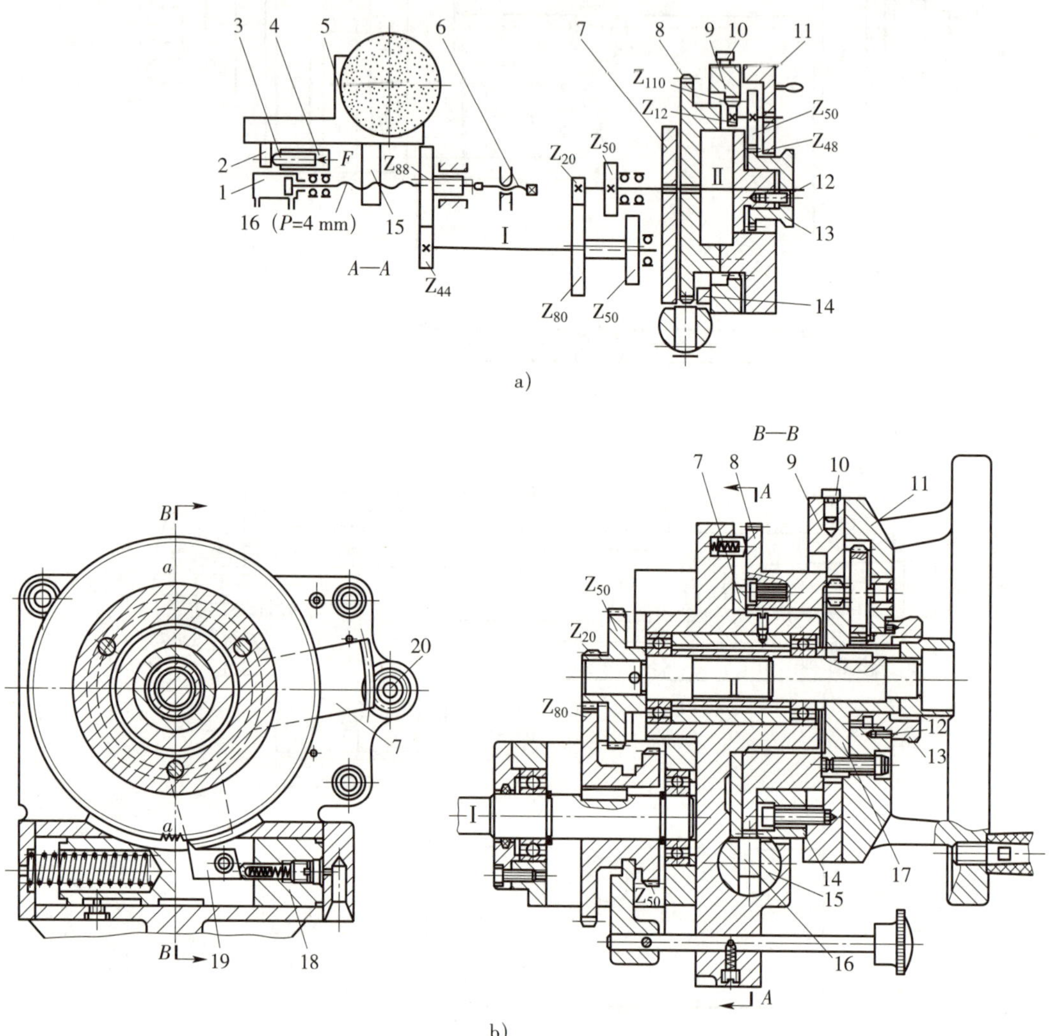

图 4–12　横向进给机构

a）手动进给系统　b）周期自动进给系统

1—液压缸　2—挡块　3、18—柱塞　4—闸缸　5—砂轮架　6—定位螺钉　7—遮板　8—棘轮　9—刻度盘　10—挡销　11—手轮　12—销钉　13—旋钮　14—撞块　15—半螺母　16—丝杠　17—中间体　19—棘爪　20—齿轮

3. 定程磨削及调整

在进行批量加工时，为简化操作，节约辅助时间，通常先试磨一个工件，达到规定尺寸后，调整刻度盘位置，使图 4–12 中与撞块 14 成 180°安装的挡销 10 处于垂直线 *aa* 上的手轮 11 正

上方，刚好与固定在床身前罩上的定位爪相碰，此时手轮 11 不转。这样，在批量加工一批工件时，若转动手轮与挡销相碰，说明工件已达到规定尺寸。当砂轮磨损或修整后，由挡销 10 控制的加工直径增大，这时必须调整砂轮架 5 的行程终点位置，因此需要调整刻度盘 9 上的挡销 10 与手轮 11 的相对位置。调整方法是：拔出旋钮 13，使它与手轮 11 上的销钉 12 脱开后顺时针转动，经齿轮副 $\frac{48}{50}$ 带动齿轮 Z_{12} 转动，Z_{12} 与刻度盘 9 上的内齿轮 Z_{110} 啮合，使刻度盘 9 连同挡销 10 一起逆时针转动。刻度盘 9 转过的格数应根据砂轮直径减小所引起的工件尺寸变化量确定。调整完成后，将旋钮 13 推入，手轮 11 上的销钉 12 插入端面销孔，刻度盘 9 与手轮 11 连成一体。

4. 快速进退

图 4–12 中砂轮架 5 的定距离快速进退运动由液压缸 1 实现。当液压缸的活塞在液压油推动下左右运动时，通过滚动轴承座带动丝杠 16 轴向移动，此时丝杠的右端在齿轮 Z_{88} 的内花键中移动，再由半螺母 15 带动砂轮架 5 实现快进快退。快进终点位置由刚度定位螺钉 6 保证。为提高砂轮架 5 的重复定位精度，液压缸 1 设有缓冲装置，防止定位冲击与振动。丝杠 16 与半螺母 15 之间的间隙既影响进给量精度，也影响重复定位精度，利用闸缸 4 可以消除其影响。磨床工作时，闸缸 4 接通液压油，柱塞 3 通过挡块 2 使砂轮架 5 收到一个向左的作用力 F，与径向磨削力同向，与进给力相反，使半螺母 15 与丝杠 16 始终紧靠在螺纹一侧，从而消除螺纹间隙的影响。

第四节　磨床的常用附件

一、砂轮

1. 砂轮的检查

砂轮在高速旋转下进行切削，为了防止高速旋转时砂轮破裂，在安装前必须检查砂轮是否有裂纹。在实际应用中，一般采用观察外观和利用敲击声判断的方法来检查。

2. 砂轮的安装

安装砂轮时，应将砂轮松紧合适地套在砂轮主轴上，并在砂轮和法兰盘之间垫 1 ~ 2 mm 厚的弹性垫圈（皮革或耐油橡胶制成），如图 4–13 所示。

3. 砂轮的平衡

为使砂轮平稳地工作，一般对于直径大于 125 mm 的砂轮都要进行平衡，如图 4–14 所示。在实际应用中，一般采用静平衡。平衡时先将砂轮安装在心轴上，再放在平衡架导柱上。如果砂轮不平衡，较重的部分总是转在下面，这时可移动法兰盘端面环形槽内的平衡块进行平衡，直到砂轮可以在导柱上的任意位置都能静止为止。如果砂轮在导柱上的任意位置都能静止，则表明砂轮各部分质量均匀，平衡良好。

静平衡调整步骤的图示及方法见表 4–2。

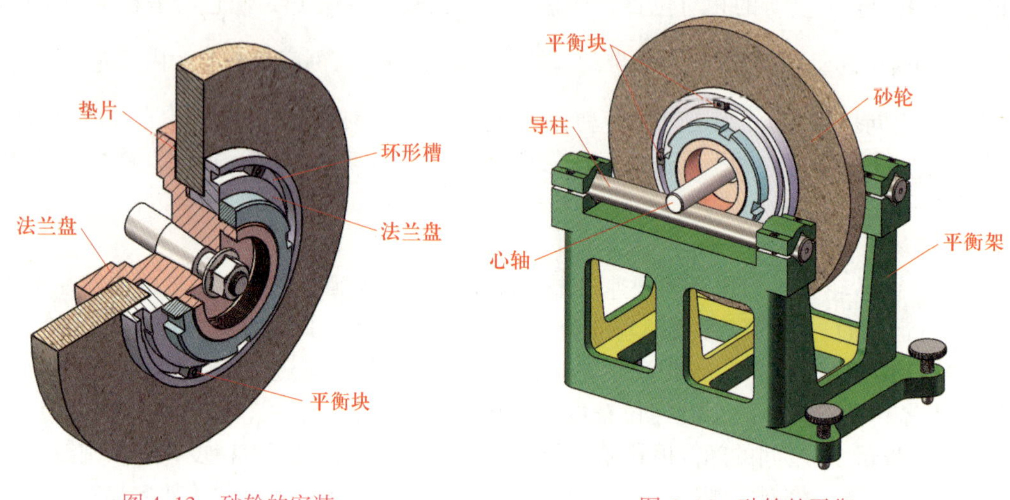

图 4–13　砂轮的安装　　　　图 4–14　砂轮的平衡

表 4–2　　静平衡调整步骤的图示及方法

调整步骤	图示	方法
调整平衡架导柱位置水平	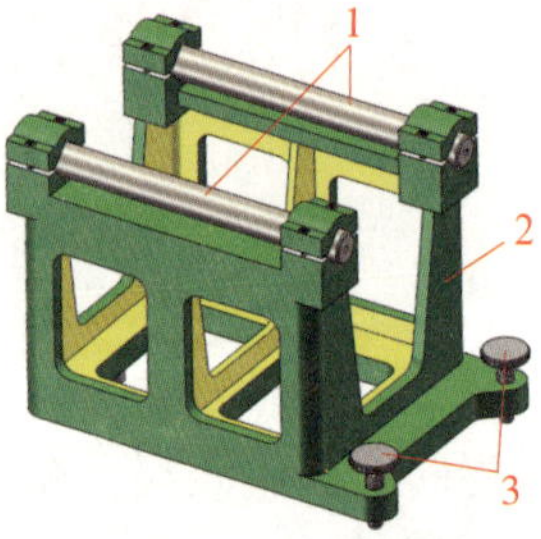 a) 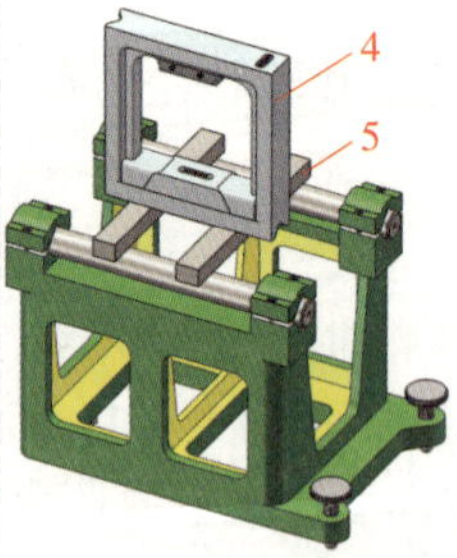 b) 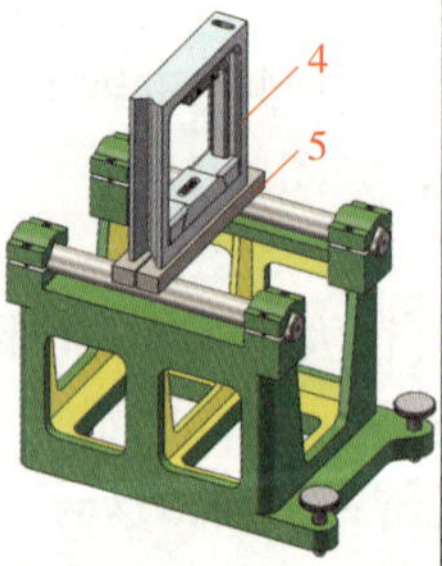　c) 1—平衡架导柱　2—平衡架　3—螺钉 4—水平仪　5—垫铁	用水平仪调整平衡架导柱的横向位置和纵向位置，使水平仪气泡的偏移在一格以内 1. 在平衡架导柱上安放两块厚度相同的平行垫铁 2. 将水平仪平行于导柱放在垫铁上，如图中 b 所示，检查气泡所处的位置，气泡是向高处移动的，在气泡的相反处调整平衡架的螺钉，使水平仪气泡处于中间位置 3. 再将水平仪垂直于导柱安放在垫铁上，如图中 c 所示，用同样的方法使水平仪气泡处于中间位置 4. 用 2 和 3 的方法反复检查和调整，直至导柱在纵向和横向处于水平位置，一般允许误差在 0.02 mm/1 000 mm 以内

续表

调整步骤	图示	方法
安装平衡心轴	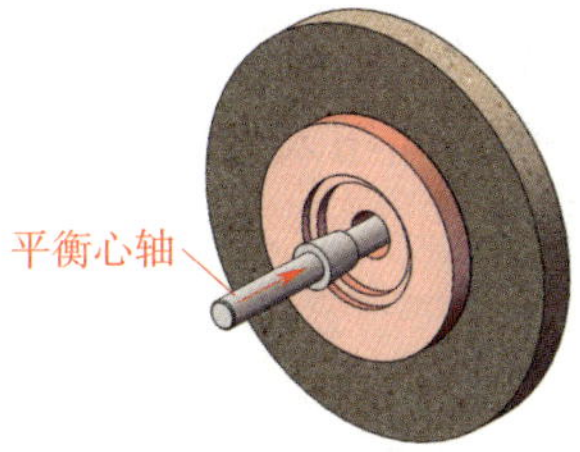 平衡心轴	安装平衡心轴，心轴的外圆锥面与砂轮法兰盘应有 80% 的接触面，并用螺母锁紧
拆平衡块	—	拆下法兰盘上的全部平衡块，并清除环形槽内的污垢
找出不平衡位置	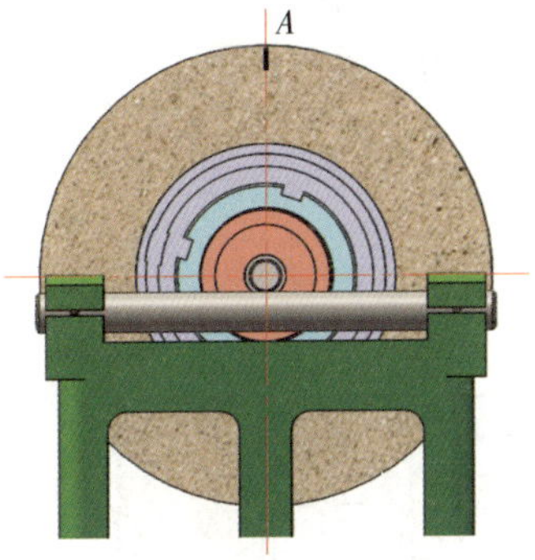 A	将平衡心轴连同砂轮放在平衡架上，使砂轮在平衡架导柱上缓慢滚动。若砂轮不平衡，会在轻重连线的垂直方向来回摆动。当摆动停止时，砂轮较重部分必然在砂轮下方。此时，在砂轮上方 A 处做一记号
装平衡块	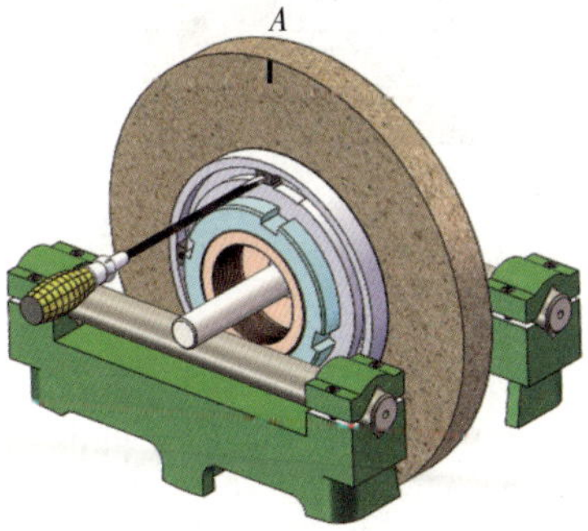 A	在 A 的下方装上第一块平衡块，并使 A 仍在原位不变，然后在对称于 A 的左右两侧装上另外两块平衡块，同样应保持 A 位置不变
求各点的平衡	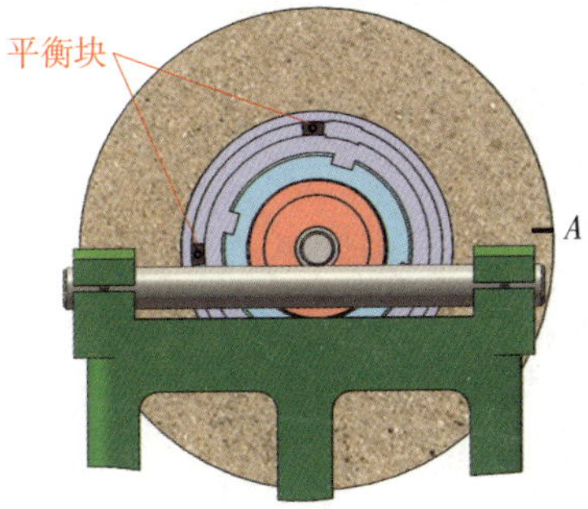 平衡块 A	将砂轮转 90°，使 A 处于水平位置，若不平衡，可移动平衡块。若 A 处较轻，将平衡块向 A 靠拢；若 A 处较重，使平衡块离开 A 再将砂轮转 180°，使 A 处于水平位置，检查砂轮平衡状况，若不平衡重新调试

4. 砂轮的修整

砂轮工作一定时间后，会出现磨粒逐渐变钝、表面空隙堵塞、磨损严重等情况。这时需要对砂轮进行修整，使已磨钝的磨粒脱落，恢复砂轮的切削能力和外形精度。砂轮常用金刚石笔进行修整，如图 4–15 所示。修整时要用大量的切削液，以避免金刚石笔因温度剧升而破裂。

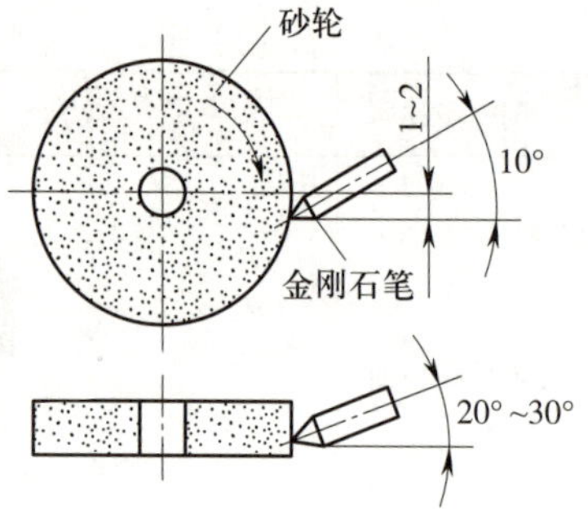

砂轮
1~2
10°
金刚石笔
20°~30°

图 4–15　砂轮的修整

二、电磁吸盘

1. 电磁吸盘的工作原理

在平面磨床上，常采用电磁吸盘吸住工件。电磁吸盘的工作原理如图 4–16 所示，当线圈中通过直流电时，钢制的吸盘体中间凸起的芯体被磁化，磁力线由芯体经过盖板—工件—盖板—吸盘体而闭合，产生的电磁力将工件吸住。电磁吸盘工作台的绝磁层由铅、铜或巴氏合金等非磁性材料制成，可以使绝大部分磁力线都通过工件再回到吸盘体，以保证工件被牢固地吸在工作台上。

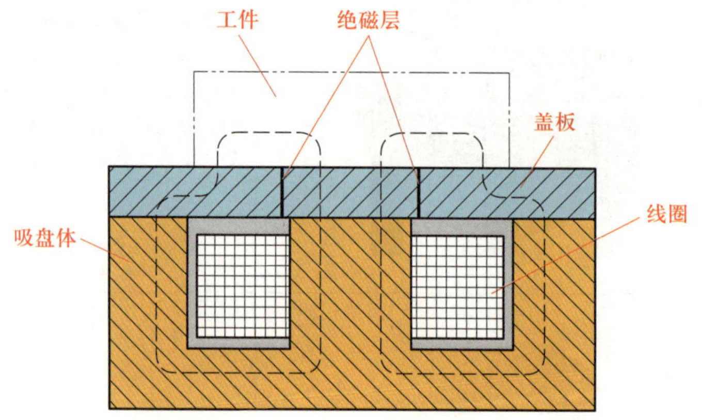

图 4–16　电磁吸盘的工作原理

2. 电磁吸盘的使用

当磨削键、垫圈、薄壁套等小尺寸的工件时，由于工件与工作台接触面积小，吸力弱，工件容易被磨削力弹出造成事故，因此在装夹这类工件时，需在工件四周或左右两端用挡铁围住，以防工件移动，如图 4–17 所示。

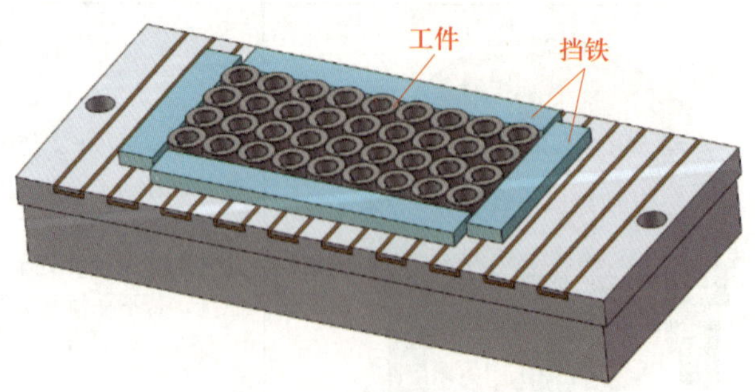

图 4–17　小尺寸工件的装夹

装夹高度较高、宽度较窄而定位要求较严的工件时，应在工件四周放置面积较大、高度略低于工件高度的挡板，如图 4–18 所示。

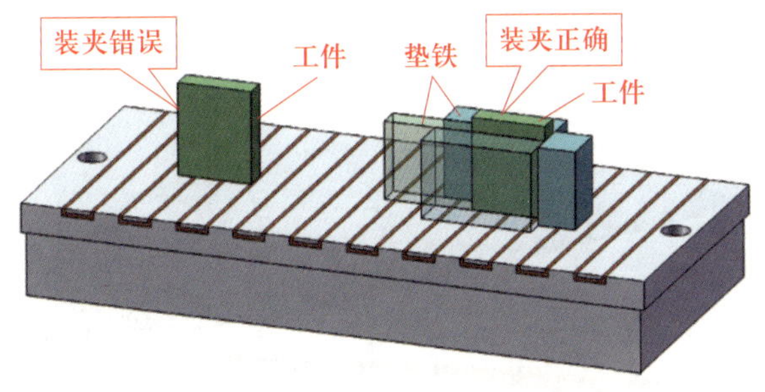

图 4–18　高、窄工件的装夹

三、顶尖

1. 顶尖的作用

顶尖用来装夹工件，确定工件的回转轴线，承受工件的重力和磨削时的磨削力。

2. 顶尖的结构和种类

顶尖由头部、颈部、柄部组成。顶尖的头部为 60°圆锥体，与工件中心孔相配合，用来定位和支承工件。颈部为过渡圆柱。柄部为莫氏圆锥，与头架主轴孔或尾座套筒锥孔相配合，固定在头架或尾座上。顶尖的尺寸用莫氏锥度表示，如莫氏 4 号顶尖等。顶尖是通用夹具，广泛用于外圆磨削中。

不同情况可以使用不同的顶尖，顶尖的种类如图 4–19 所示。在磨削直径较小的工件时可以使用半缺顶尖（见图 4–19b），顶尖的缺口部分可使砂轮越出工件端面，有时也可用长颈顶尖（见图 4–19e）。磨削顶尖时则可使用反顶尖（见图 4–19c）。大头顶尖（见图 4–19d）用于装夹大中心孔或大孔壁的工件。

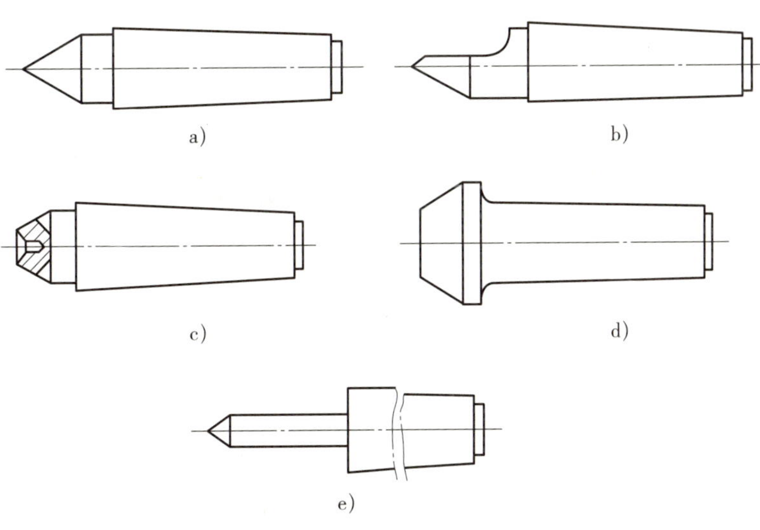

图 4–19　顶尖的种类

a）普通顶尖　b）半缺顶尖　c）反顶尖　d）大头顶尖　e）长颈顶尖

近年来，在精密磨削中已广泛采用镶硬质合金顶尖，如图 4–20 所示。硬质合金压入顶尖体后，用铜焊接。硬质合金的硬度很高，耐磨性好，有很高的定心精度，但硬质合金呈脆性，使用时要注意保养，有裂纹的镶硬质合金顶尖不能使用。

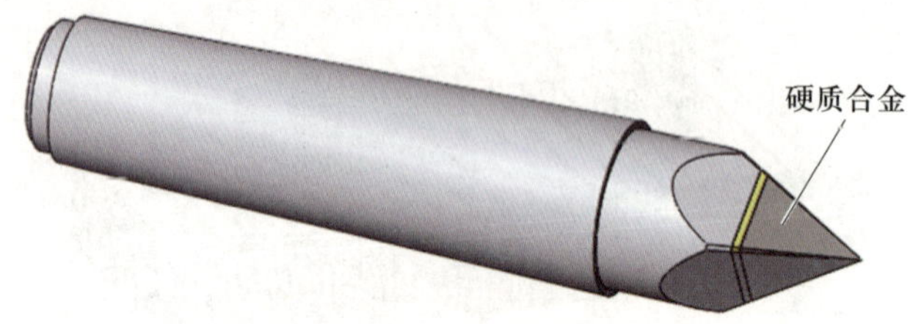

图 4–20　镶硬质合金顶尖

3. 顶尖的使用

用两顶尖、鸡心夹头装夹工件是一种常用的装夹方法，如图 4–21 所示，工件两端中心孔的锥面分别支承在后顶尖 3 和前顶尖 6 两顶尖的锥面上，形成工件的轴线定位，用来自后顶尖 3 的顶紧力夹紧工件，头架上的拨盘 7 和拨杆 2 带动鸡心夹头 1 和工件旋转。磨床采用的顶尖都是固定在头架和尾座的锥孔内的，是无法旋转的，因此只要工件中心孔和顶尖的形状和位置正确，装夹合理，就可以使工件的旋转轴线始终固定不变，获得很高的圆度和同轴度。

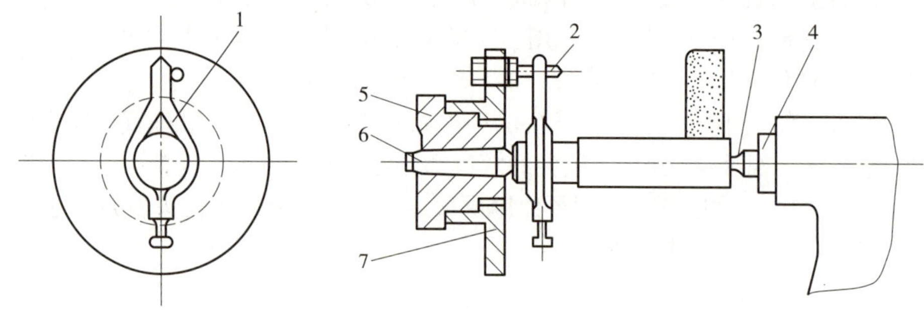

图 4–21　两顶尖、鸡心夹头装夹工件

1—鸡心夹头　2—拨杆　3—后顶尖　4—尾座套筒　5—连接盘　6—前顶尖　7—拨盘

第五节　其他类型磨床

一、内圆磨床

内圆磨床的主要类型有普通内圆磨床、无心内圆磨床和行星运动内圆磨床。普通内圆磨床在生产中应用最广。

内圆磨床可以磨削圆柱形或圆锥形的通孔、不通孔和阶梯孔。图 4–22a 是用纵磨法磨内圆，图 4–22b 是用切入法磨内圆。图 4–22a、b 中的横向进给是切入运动。有的内圆磨床还附有磨削端面的磨头，可以在一次装夹下磨削端面和内圆，以保证端面垂直于孔轴线。图 4-22c、d 中的纵向进给是切入运动。

图 4-23 所示为 M2110 型内圆磨床，由床身 12、工作台 2、主轴箱 4、内圆磨具 7 和砂轮修整器 6 等部件组成，可磨削圆柱孔和圆锥孔。

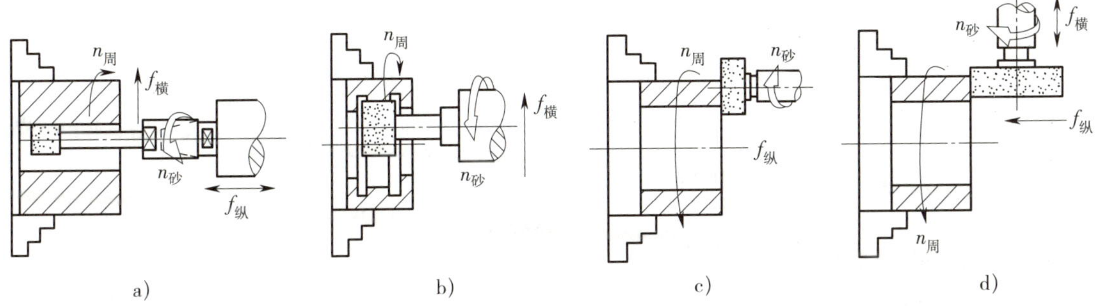

图 4-22 普通内圆磨床的磨削方法

a）纵磨法磨内圆 b）切入法磨内圆 c）端面磨削法磨端面 d）圆周磨削法磨端面

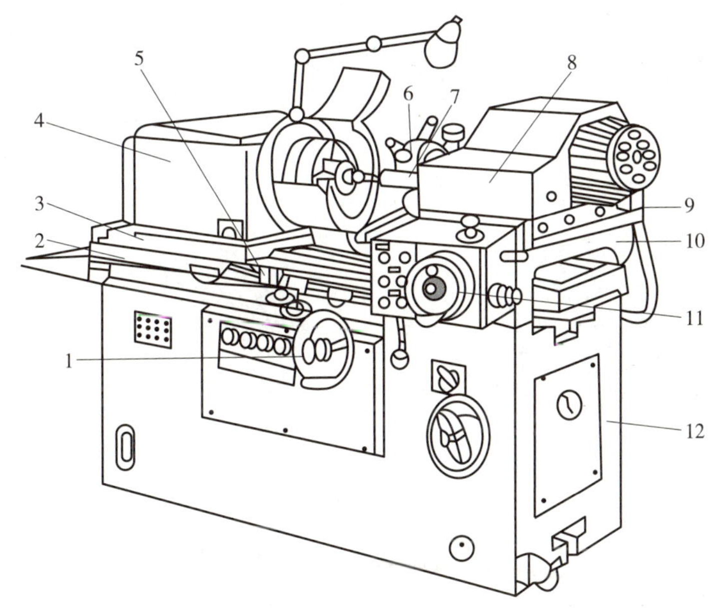

图 4-23 M2110 型内圆磨床

1—纵向进给手轮 2—工作台 3—底板 4—主轴箱 5—撞块 6—砂轮修整器 7—内圆磨具 8—磨具座 9—滑板 10—桥板 11—横向进给手轮 12—床身

主轴箱 4 通过底板 3固定在工作台的左端。主轴箱主轴的前端装有卡盘或其他夹具，以夹持并带动工件旋转。主轴箱可相对于底板绕垂直轴线转动一定角度，以便磨削圆锥孔。底板可沿着工作台面上的纵向导轨调整位置，以适应磨削各种不同的工件。磨削时工作台由液压传动，沿着床身上的纵向导轨做直线往复运动（由撞块 5 自动控制换向），使工件实现纵

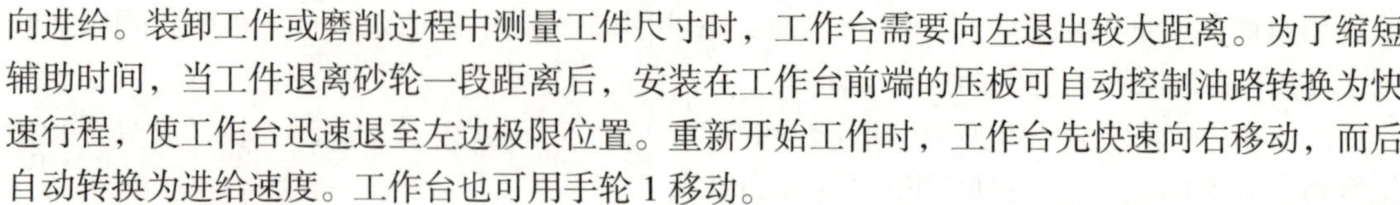
向进给。装卸工件或磨削过程中测量工件尺寸时，工作台需要向左退出较大距离。为了缩短辅助时间，当工件退离砂轮一段距离后，安装在工作台前端的压板可自动控制油路转换为快速行程，使工作台迅速退至左边极限位置。重新开始工作时，工作台先快速向右移动，而后自动转换为进给速度。工作台也可用手轮 1 移动。

二、平面磨床

按照平面磨床磨头和工作台的结构特点，可将平面磨床分为五种类型，即卧轴矩台平面磨床、卧轴圆台平面磨床、立轴矩台平面磨床、立轴圆台平面磨床和双端面磨床。图 4–24 所示为这五种平面磨床的磨削示意图。目前，卧轴矩台平面磨床和立轴圆台平面磨床的应用最广。

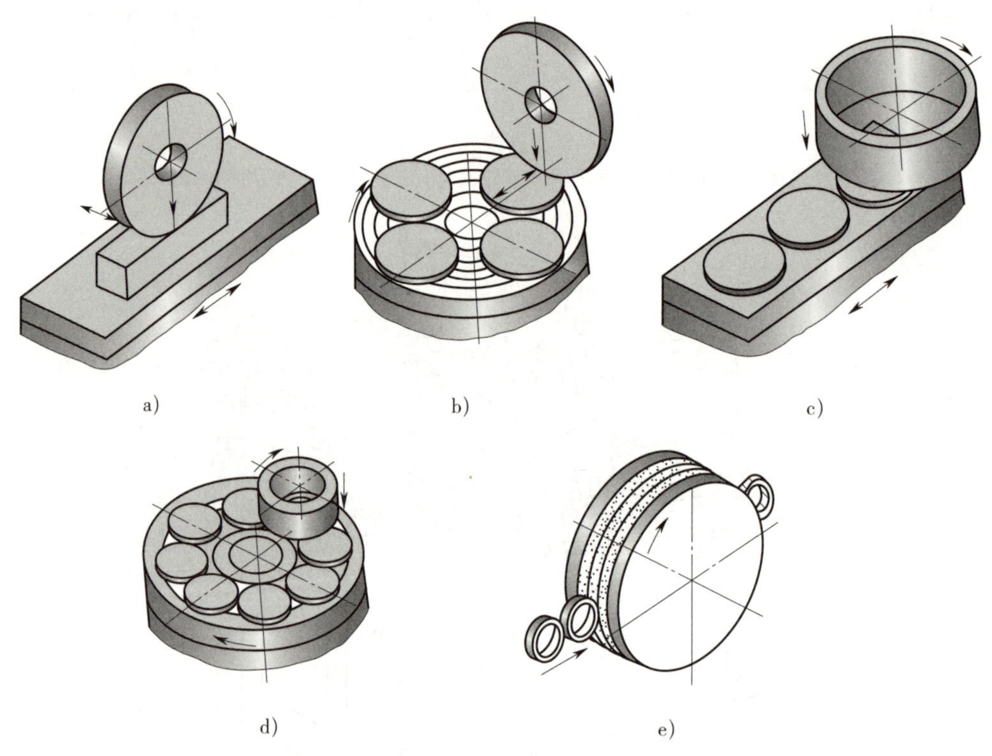

图 4–24　五种平面磨床的磨削示意图

a）卧轴矩台平面磨床磨削　b）卧轴圆台平面磨床磨削　c）立轴矩台平面磨床磨削
d）立轴圆台平面磨床磨削　e）双端面磨床磨削

1. 卧轴矩台平面磨床

以 M7130H 型卧轴矩台平面磨床为例进行介绍。如图 4–25 所示，M7130H 型卧轴矩台平面磨床由床身 1、工作台 2、电磁吸盘 3、磨头 4、滑板 5、立柱 6、电气箱 7、电气按钮板 8 和液压操作箱 9 等部分组成，各组成部分见表 4–3。

2. 立轴圆台平面磨床

如图 4–26 所示，立轴圆台平面磨床由圆形工作台 1、床身 2、磨头 3、立柱 4 等部件组成。立轴圆台平面磨床砂轮的主轴与工作台垂直，工作台是一个圆形电磁吸盘。采用砂轮的端面磨削平面，磨削时，圆形工作台匀速旋转，砂轮除做高速旋转运动外，还定时做垂向进给运动。

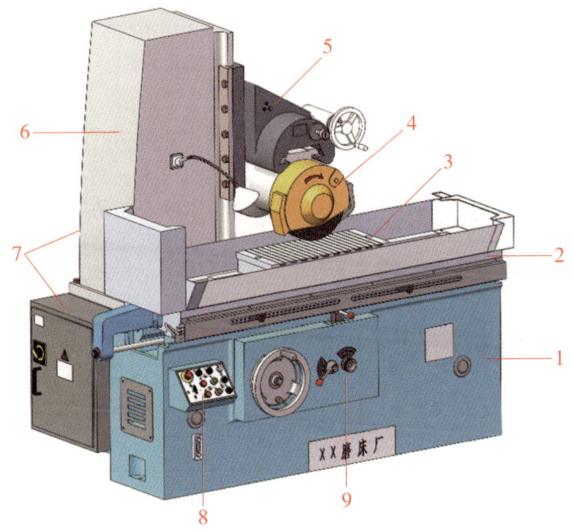

图 4-25　M7130H 型卧轴矩台平面磨床

1—床身　2—工作台　3—电磁吸盘　4—磨头　5—滑板　6—立柱
7—电气箱　8—电气按钮板　9—液压操作箱

表 4-3　　M7130H 型卧轴矩台平面磨床的组成部分

名称	图例	说明
床身		床身为箱形铸件，上面有 V 形导轨和平导轨。工作台安装在导轨上。床身前侧的液压操作箱装有工作台手动进给机构、垂向进给机构、液压操作板等，用以控制磨床的机械传动与液压传动

续表

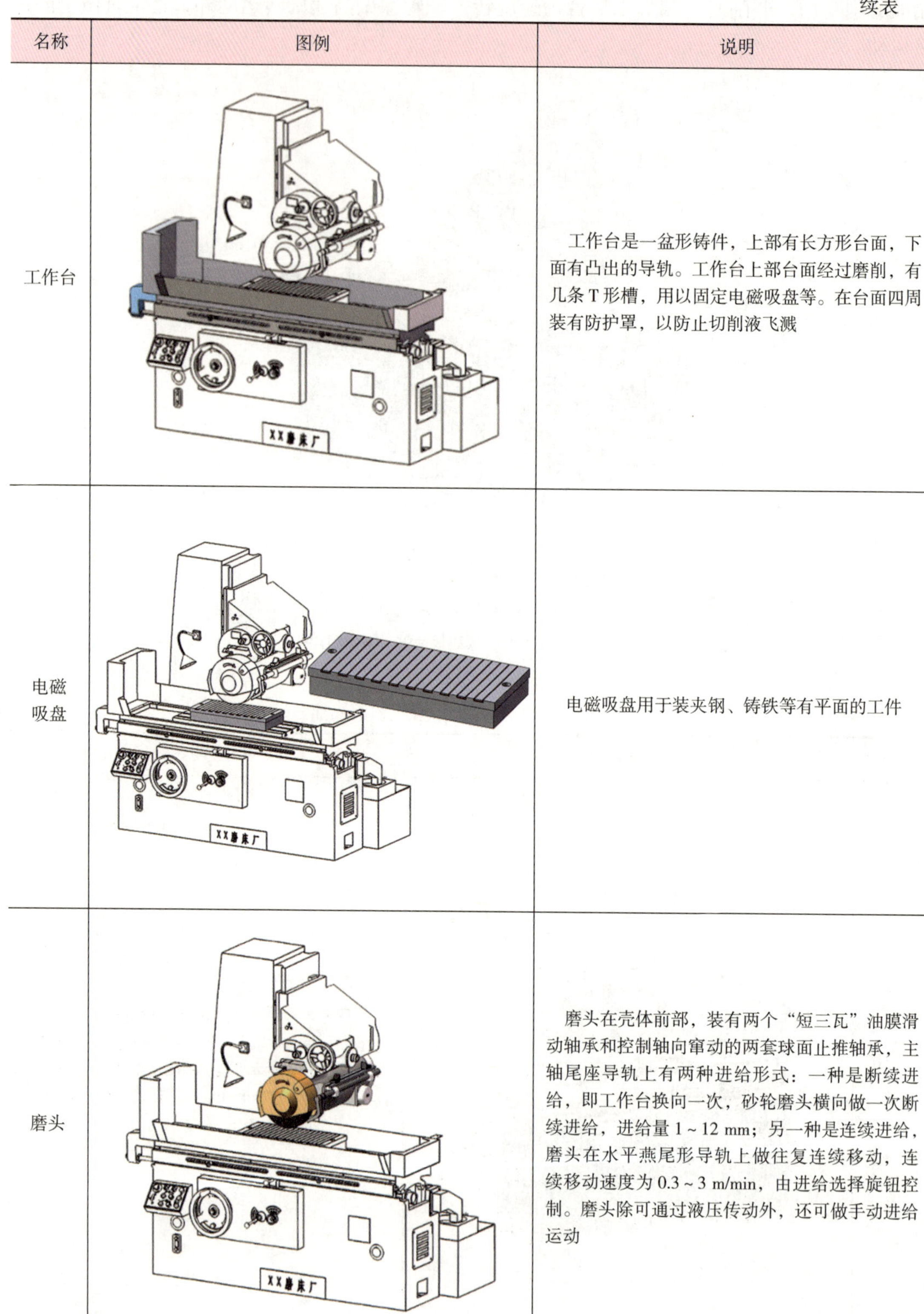

名称	图例	说明
工作台		工作台是一盆形铸件，上部有长方形台面，下面有凸出的导轨。工作台上部台面经过磨削，有几条T形槽，用以固定电磁吸盘等。在台面四周装有防护罩，以防止切削液飞溅
电磁吸盘		电磁吸盘用于装夹钢、铸铁等有平面的工件
磨头		磨头在壳体前部，装有两个“短三瓦”油膜滑动轴承和控制轴向窜动的两套球面止推轴承，主轴尾座导轨上有两种进给形式：一种是断续进给，即工作台换向一次，砂轮磨头横向做一次断续进给，进给量1～12 mm；另一种是连续进给，磨头在水平燕尾形导轨上做往复连续移动，连续移动速度为0.3～3 m/min，由进给选择旋钮控制。磨头除可通过液压传动外，还可做手动进给运动

续表

名称	图例	说明
滑板	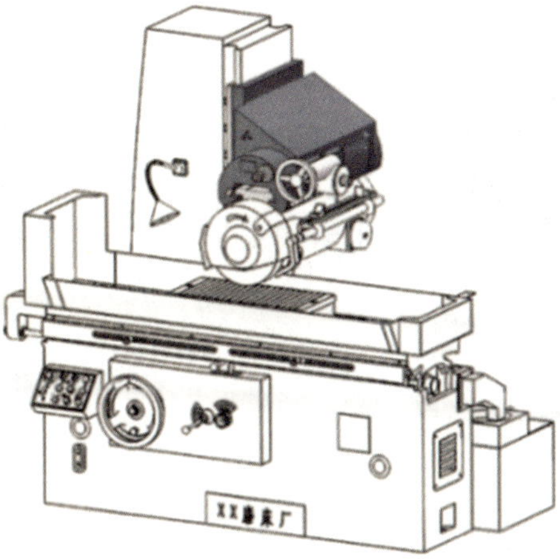	滑板有两组相互垂直的导轨：一组为垂直矩形导轨，用以沿立柱做垂直移动；另一组为水平燕尾形导轨，用以使磨头横向移动
立柱	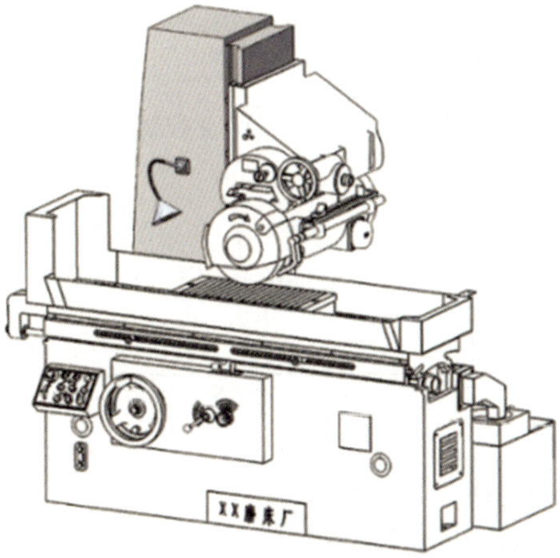	立柱为一箱体，前部有两条矩形导轨，丝杠安装在中间，通过螺母使滑板沿矩形导轨做垂直移动
电气箱	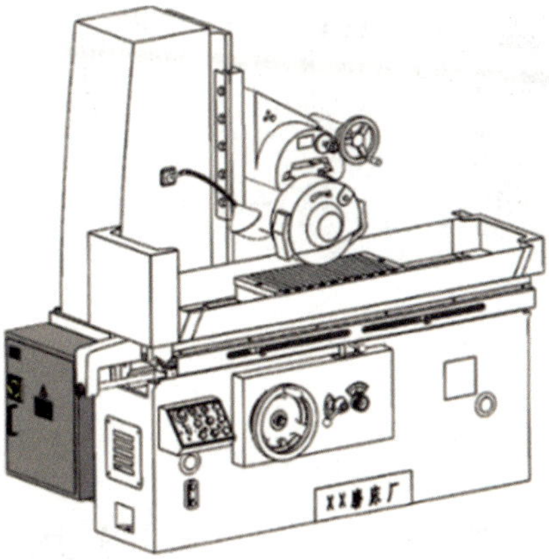	电气箱门上设有电源总开关，同时将控制磨床工作的电气元件都装在电气箱中，便于维修和保养

续表

名称	图例	说明
电气按钮板	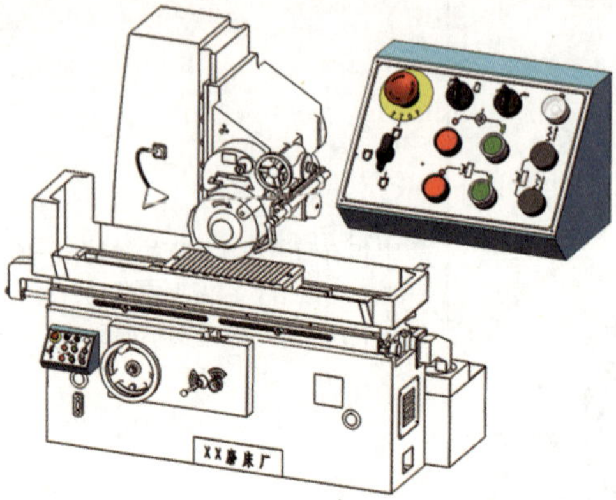	电气按钮板用于安装各种电气按钮
液压操作箱	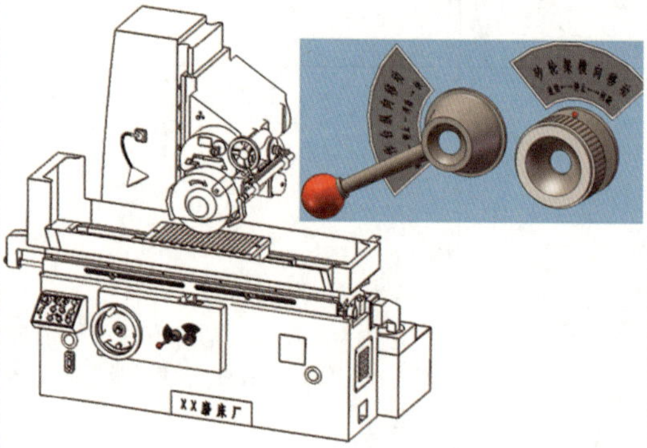	液压操作箱用于控制磨床的液压传动

图 4-26　立轴圆台平面磨床

1—圆形工作台　2—床身　3—磨头　4—立柱

磨头 3 沿立柱 4 的垂直导轨可做垂直方向进给运动，这一运动也可通过转动垂直进给手轮来实现。砂轮由装在磨头壳体内的电动机驱动旋转。

三、无心外圆磨床

无心外圆磨床如图 4–27 所示。无心外圆磨床没有头架和尾座，而是由工件支架和导轮支持工件，用磨削砂轮进行磨削，如图 4–28 所示。

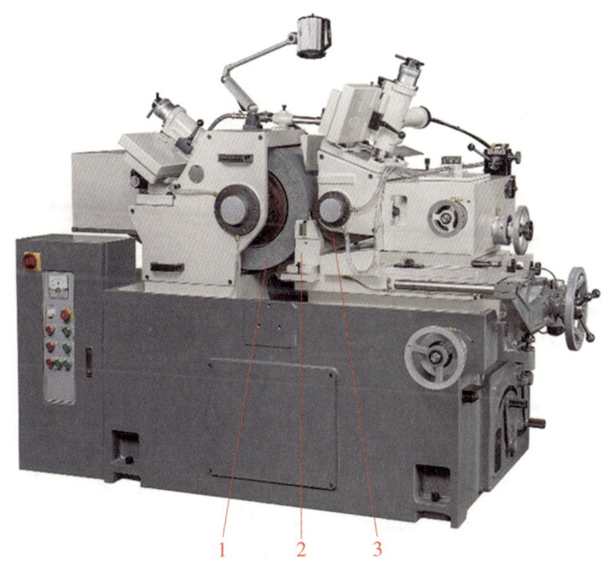

图 4–27　无心外圆磨床

1—磨削砂轮　2—工件支架　3—导轮

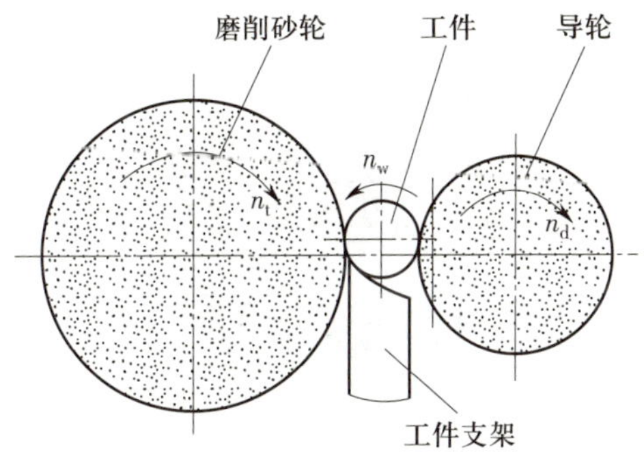

图 4–28　无心外圆磨床磨削示意图

磨削砂轮实际担任磨削的工作，导轮控制工件的旋转，并使磨削砂轮与工件之间产生相对速度，工件支架在磨削时支承工件。无心外圆磨床生产率较高，多用于大量生产，易于实现自动化。

第五章　刨床与钻床

第一节　刨　床

一、刨床的工艺范围及其组成

1. 刨床的工艺范围

刨削是平面加工的主要方法之一。在刨床上可以刨平面（水平面、垂直面和斜面）、沟槽（直槽、V 形槽、T 形槽和燕尾槽）和曲面等，刨削的主要内容如图 5-1 所示。

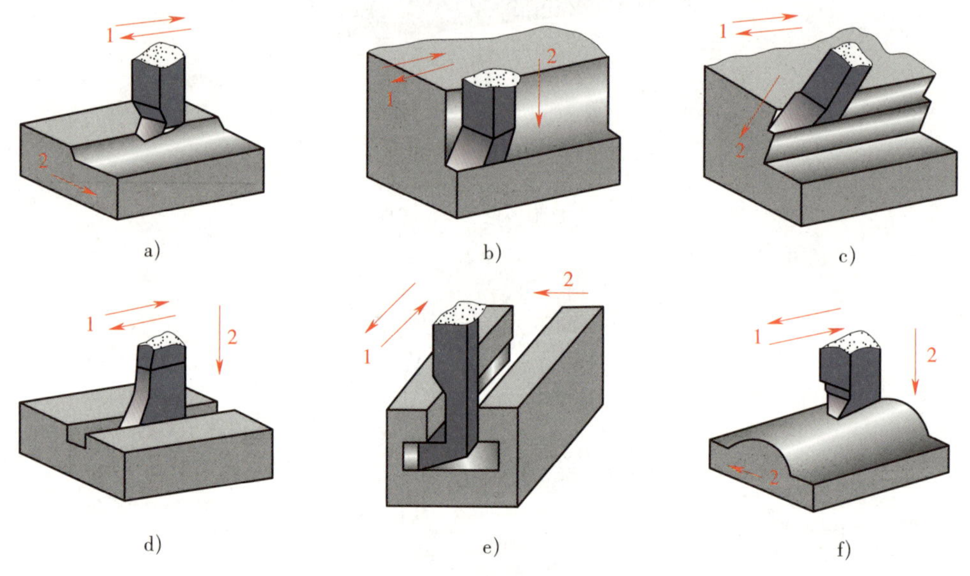

图 5-1　刨削的主要内容

a）刨水平面　b）刨垂直面　c）刨斜面　d）刨直槽　e）刨 T 形槽　f）刨曲面

1—主运动　2—进给运动

2. 牛头刨床的组成

牛头刨床是刨床中应用最广泛的一种，主要用来加工中小型工件，刨削的长度一般不超过 1 000 mm。牛头刨床主要由底座、床身、滑枕、刀架、横梁和工作台、进给机构、变速机构、曲柄摇杆机构等部件组成。牛头刨床如图 5-2 所示。

（1）床身

床身用以支承刨床的各个部件。其顶部和前侧面分别有水平导轨和垂直导轨。滑枕连同

刀架可沿水平导轨做直线往复运动（主运动），横梁连同工作台可沿垂直导轨实现升降。床身内部有变速机构和驱动滑枕的摆动导杆机构。

（2）滑枕

滑枕前端装有刀架，用来带动刨刀做直线往复运动，实现刨削。

（3）刀架

刀架用来装夹刨刀和使刨刀沿所需方向移动。刀架与滑枕连接部位有转盘，可使刨刀按需要偏转一定角度。转盘上有导轨，摇动刀架手柄，滑板连同刀座沿导轨移动，可实现刨刀的手动间歇进给，或调整背吃刀量。刀架上的抬刀板在刨刀回程时抬起，以防止擦伤工件和减小刀具磨损。牛头刨床刀架的结构如图 5-3 所示。

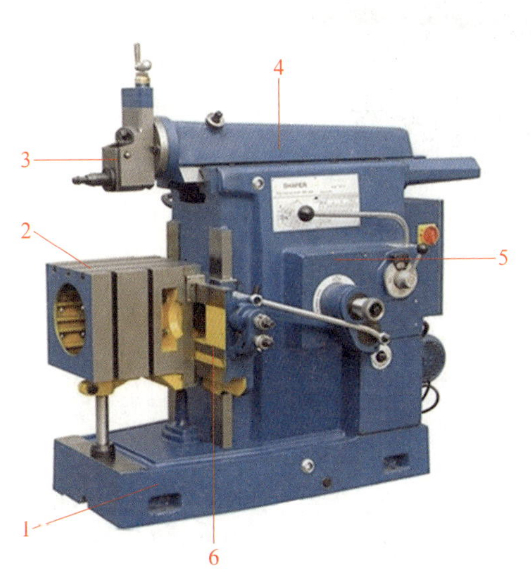

图 5-2　牛头刨床

1—底座　2—工作台　3—刀架　4—滑枕　5—床身　6—横梁

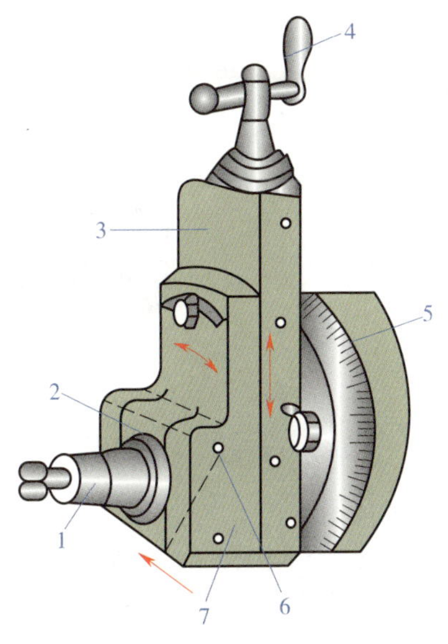

图 5-3　牛头刨床刀架的结构

1—刀夹　2—抬刀板　3—滑板　4—刀架手柄　5—转盘　6—转销　7—刀座

（4）横梁与工作台

横梁安装在床身前部垂直导轨上。横梁的底部装有升降丝杠，使横梁能沿着床身前部的垂直导轨做上下移动。工作台和滑板连接在一起，安装在横梁水平导轨上，转动安装在横梁凹框内的横向进给丝杠，工作台就沿着横梁的水平导轨做横向移动。工作台的前部底下装有支架，以防止工作台在刨削过程中向下倾斜和产生振动现象。工作台的上平面和两侧面均制有 T 形槽、V 形槽和圆孔，用来固定不同形状的工件或夹具。

（5）进给机构

进给机构主要用来控制工作台横向进给运动的大小。

（6）变速机构

操纵变速机构的手柄可以把各种不同的转速传递到曲柄摇杆机构，从而改变摇杆在相同时间间隔内的摆动次数。

（7）曲柄摇杆机构

曲柄摇杆机构的主要作用是把电动机的旋转运动转换为滑枕的往复直线运动。

3. 龙门刨床的组成

龙门刨床（见图 5-4）主要用于加工大型或重型工件上的各种平面、沟槽和导轨面，也可以在工作台上一次装夹数个中小型工件进行多件加工。龙门刨床主要由床身、工作台、立柱、横梁、垂直刀架、侧刀架工作台的传动机构等部件组成。

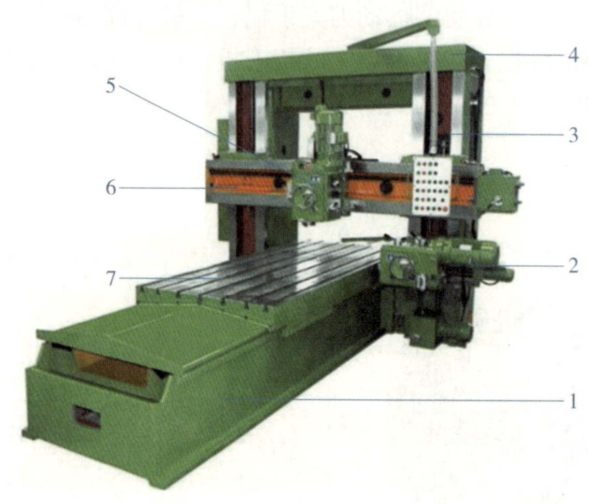

图 5-4　龙门刨床

1—床身　2—侧刀架　3—立柱　4—顶梁　5—垂直刀架　6—横梁　7—工作台

（1）床身

床身是龙门刨床的主要部件之一，它可以支承和用以安装龙门刨床的一些主要部件。工作台在床身上部的导轨上做往复直线运动。左右立柱安装在床身的两侧平面上。因此，床身的精度将直接影响龙门刨床的工作精度。

（2）工作台

工作台下部制有导轨，与床身的导轨相配合；上部有 T 形槽和圆柱孔，用以装夹工件或夹具等。

（3）立柱

立柱安装在床身的两侧，用来安装横梁和侧刀架。横梁可沿立柱导轨上下移动，以加工不同高度的工件；侧刀架也可沿立柱导轨移动，以加工大型工件的侧面。

（4）横梁

横梁是一个箱体型大梁，用来安装垂直刀架和垂直刀架进给箱。垂直刀架可沿横梁上的导轨做横向移动。

（5）垂直刀架、侧刀架

龙门刨床刀架的结构和作用与牛头刨床的刀架相类似，刀架除了可安装刀具，还可以按加工的需要在 ±60°范围内摆动。龙门刨床上有四个刀架。安装在立柱上的为侧刀架，右立柱上的为右侧刀架，左立柱上的为左侧刀架。安装在横梁上的为垂直刀架，靠右立柱一边的为右垂直刀架，靠左立柱一边的为左垂直刀架。刀架的滑板部分用来控制背吃刀量，还可在刨削垂直面或斜面时使用。各刀架都有电气自动抬刀装置，这样可以避免刨刀在回程时与已加工表面发生摩擦。

（6）工作台的传动机构

直流电动机传动两级变速箱，通过交错轴斜齿轮与工作台的齿条啮合，带动工作台做往复直线运动。

在龙门刨床上刨削时，主运动是工作台带动工件的直线往复运动，而进给运动是刨刀的横向或垂直间歇移动，这与牛头刨床的运动相反。图 5-5 所示为在牛头刨床和龙门刨床上刨削平面时的切削运动示意图。

刀具的往复直线运动为主运动

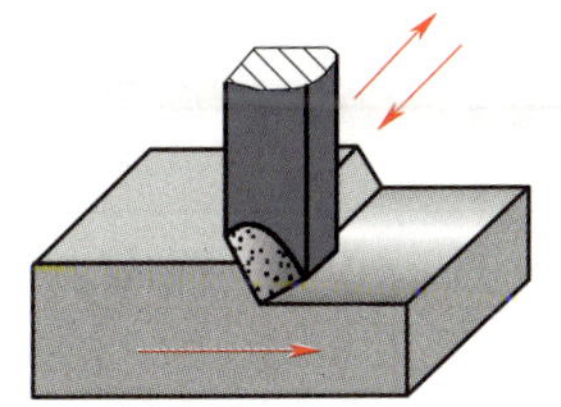

工件的间歇运动为进给运动

a）

刀具的间歇运动为进给运动

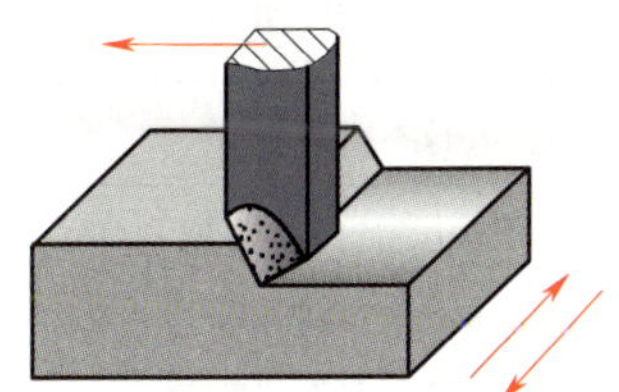

工件的往复运动为主运动

b）

图 5-5 刨削平面时的切削运动示意图

a）在牛头刨床上刨削平面 b）在龙门刨床上刨削平面

二、常用刨床的技术参数

1. B6065 型牛头刨床

B6065 型牛头刨床的技术参数及规格见表 5-1。

表 5-1 B6065 型牛头刨床的技术参数及规格

技术参数	规格
最大刨削长度	650 mm
工作台最大横向行程	650 mm
工作台最大垂直行程	300 mm
工作台面距滑枕底面的距离	6.5 ~ 370 mm
工作台面尺寸（长 × 宽）	650 mm × 450 mm
刀架最大垂直行程	175 mm
刀架最大回转角度	± 60°
滑枕每分钟往复次数	12.5 ~ 72.7
滑枕往复速度变速种数	6
工作台平滑枕每一往复行程内横向进给量	0.33 ~ 3.33 mm
工作台横向进给级数	10
刨刀柄最大截面尺寸（宽 × 厚）	20 mm × 30 mm

续表

技术参数	规格
工作台 T 形槽宽度	$18^{+0.12}_{0}$ mm
电动机功率	2.8 kW
机床外形尺寸（长 × 宽 × 高）	2 280 mm × 1 450 mm × 1 750 mm
机床总质量	1 850 kg

2. B2012A 型龙门刨床

B2012A 型龙门刨床的技术参数及规格见表 5–2。

表 5–2　B2012A 型龙门刨床的技术参数及规格

技术参数		规格
最大加工工件尺寸（长 × 宽 × 高）		4 000 mm × 1 250 mm × 1 000 mm
最大加工工件质量		8 t
电源		380 V，50 Hz
主电动机功率		60 kW
主传动系统		采用多头蜗杆和齿条传动
工作台	行程速度	3.5 ~ 35 m/min；7 ~ 70 m/min（无级）
	工作台面尺寸（长 × 宽）	4 000 mm × 1 120 mm
	T 形槽数量	5
	T 形槽宽度	28 mm
	T 形槽间距	210 mm
两立柱间距离		1 300 mm
横梁刀架进给量	水平	0.2 ~ 20 mm（无级）
	垂直	0.15 ~ 7.5 mm（无级）
侧刀架进给量	垂直	0.2 ~ 11.5 mm（无级）
横梁刀架快速移动速度	水平	1 600 mm/min
	垂直	600 mm/min
侧刀架快速移动速度		850 mm/min
刨刀杆的最大截面尺寸（宽 × 厚）		60 mm × 60 mm
横梁升降速度		570 mm/min
润滑油泵流量		6 L/min
机床外形尺寸（长 × 宽 × 高）		9 000 mm × 4 000 mm × 3 000 mm
机床总质量		29 t

三、刨床的传动系统

1. 牛头刨床的传动系统

图 5–6 所示为 B6065 型牛头刨床传动系统图。

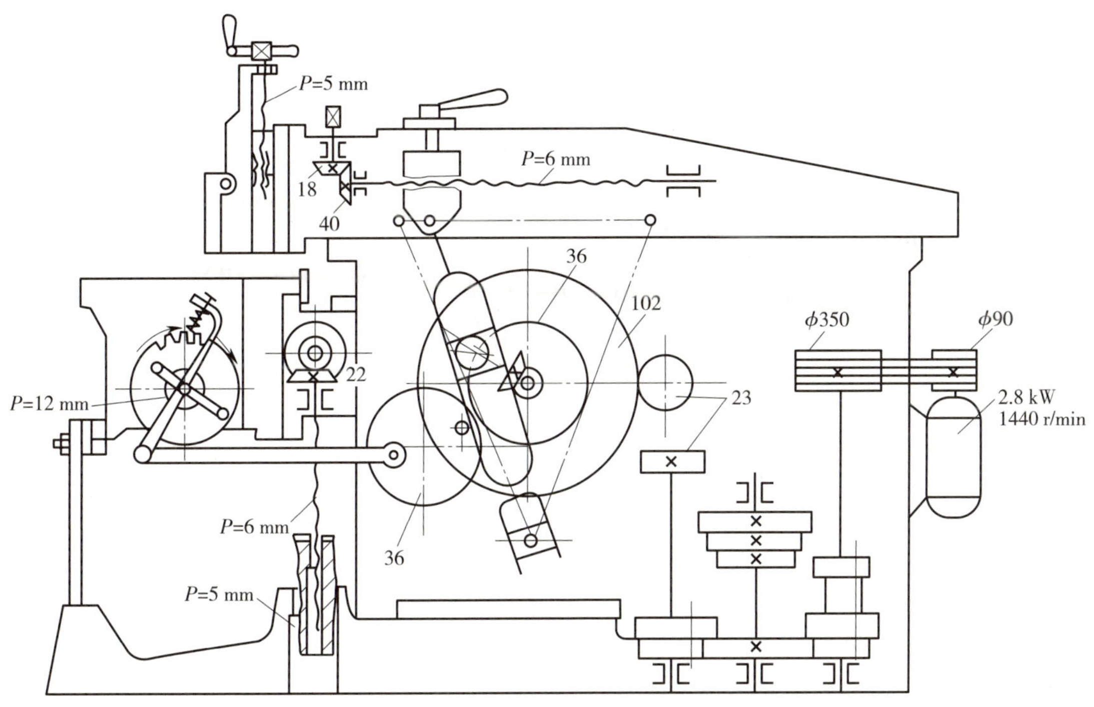

图 5–6　B6065 型牛头刨床传动系统图

（1）主运动

电动机的旋转运动，通过带轮，经变速机构由齿轮副 $\frac{102}{23}$ 的转动带动摆动导杆机构的导杆摆动，从而带动滑枕做往复直线运动。当导杆齿轮（z=102）旋转一周时，滑枕往复运动一次。通过滑移齿轮的变换，滑枕可具有多种每分钟往复运动的次数。

滑枕在往复直线运动中，其工作行程速度和回程速度是不同的。从图 5–7 可以看出，滑枕在工作行程时，摆动导杆机构中的滑块逆时针转动 α 角，回程时则转过 β 角，显然 $\alpha > \beta$。这就是说，滑块工作行程所用的时间比回程所用的时间要长，而在工作行程和回程中滑枕所走过的距离是相等的，所以，滑枕的回程速度比工作行程速度要快，这对提高生产率是有利的。

（2）进给运动

工作台横向水平的间歇进给运动是由棘轮机构实现的，其结构如图 5–8 所示。棘轮 6 通过键与横向丝杠 8 相连，棘爪架 5 空套在横向丝杠 8 上。当齿轮 1（与导杆齿轮同轴）带动齿轮 2 与导杆齿轮同轴旋转时，连杆 4 便使棘爪架 5 左右摆动。齿轮 2 与导杆齿轮同轴旋转，齿轮 1 又与齿轮 2 的齿数相等，因此，滑枕带动刨刀每往复直线运动一次，齿轮旋转一周，导杆即左右摆动一次。通过棘爪架 5 上的棘爪 7 拨动棘轮 6 做间歇转动，再由横向丝杠

8 使工作台做横向水平进给运动。改变棘轮罩 9 的位置，可改变棘爪每次拨动的有效齿数，即改变棘轮转过的角度，从而改变进给量的大小。改变齿轮 2 上偏心销 3 在槽中的位置，调整偏心距的大小，也可改变进给量的大小。改变棘爪 7 端部垂直面和斜面的方向，可改变工作台的进给方向。若使棘轮 6 与棘爪 7 分离，则机动进给停止，可用手动移动工作台。

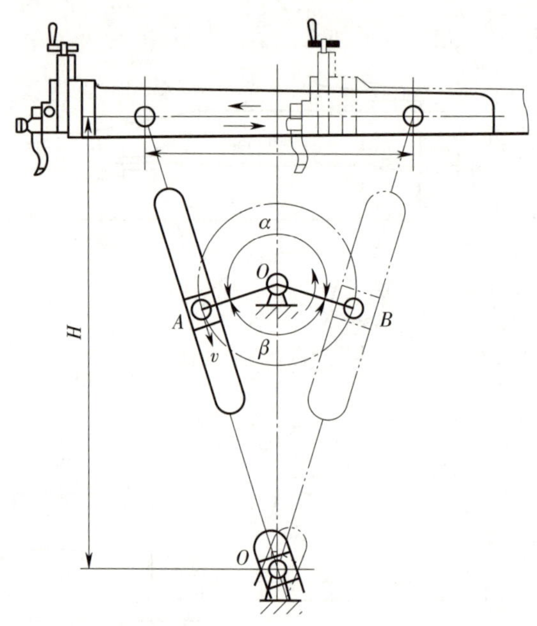

图 5-7　牛头刨床中摆动导杆机构工作原理

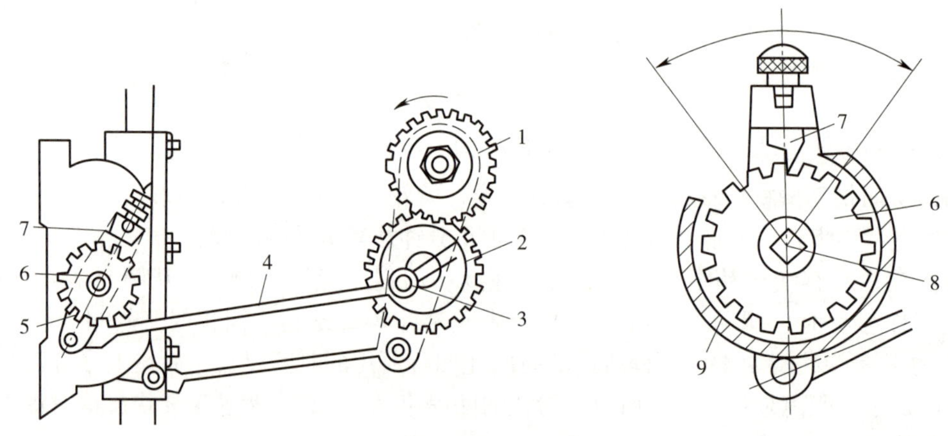

图 5-8　牛头刨床中的棘轮机构

1、2—齿轮　3—偏心销　4—连杆　5—棘爪架　6—棘轮　7—棘爪　8—横向丝杠　9—棘轮罩

普通牛头刨床一般有机械传动和液压传动两种传动方式。机械传动结构简单，便于维修，传动可靠，一般用于中小型牛头刨床运动的传动。液压传动速度平稳，在一定范围内可实现无级调速，切削力大，操作方便，但结构复杂，成本高，一般用于规格较大的牛头刨床运动的传动。

2. 龙门刨床的传动系统

图 5-9 所示为 B2012A 型龙门刨床传动系统图。

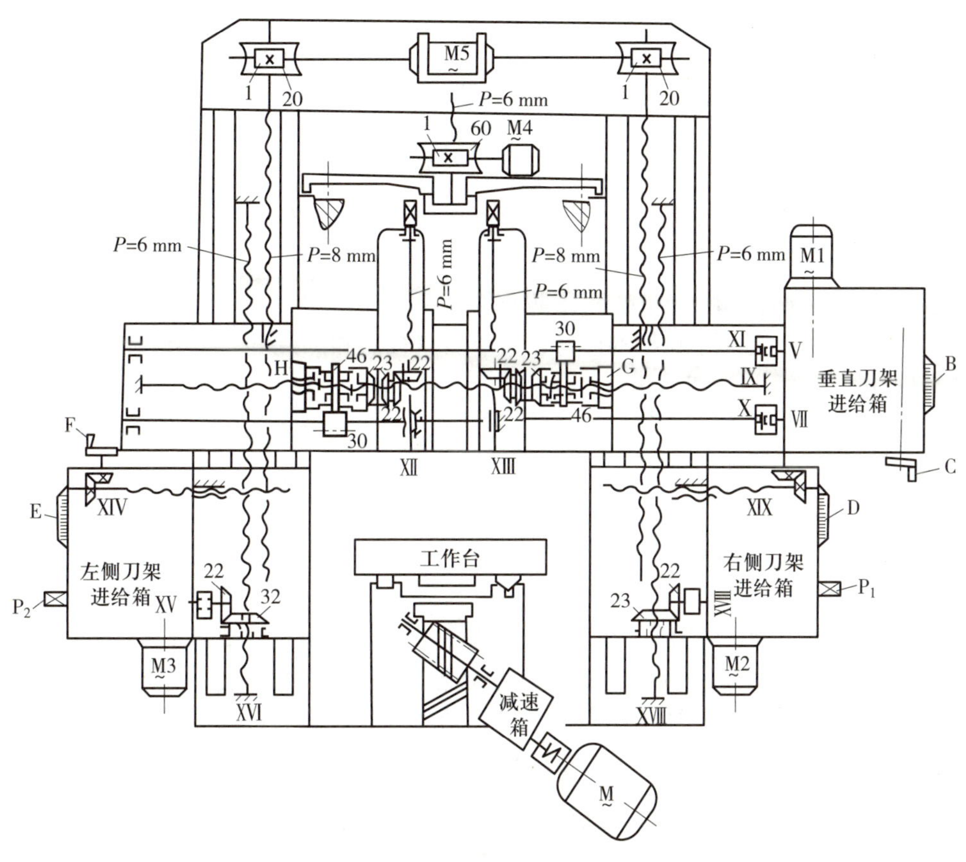

图 5-9 B2012A 型龙门刨床传动系统图

B、D、E—进给量刻度盘 C—进给量调整手轮 F—左侧刀架水平移动手轮

G—右垂直刀架上的螺母 H—左垂直刀架上的螺母 P_1、P_2—手摇刀架垂直移动方头

（1）主运动

龙门刨床工作台的主运动是采用直流发电机与直流电动机组或晶闸管整流的直流电动机为动力源，经减速箱、蜗杆、齿条，使工作台获得的往复直线运动。通过调节直流电动机的电压来调节电动机的转速实现主运动的变速，并通过两级齿轮进行机电组合调速，最低速度可降到 1 m/min。主运动的变向是通过改变直流电动机的转向来实现的。

龙门刨床工作时，为了缓和工作台换向时惯性力所引起的冲击，要求工作台在工作行程和空行程快结束时降低速度；同时，为了避免刀具在切入工件时碰坏刀具，以及离开工件时拉崩工件边缘，也要求工作台在刀具切入和切出工件前速度不能过高。图 5-10 所示为工作台的速度变化示意图，工作台换向时的速度为零，工作台在工作行程向前时，工件相应地以低速向刨刀接近；刨刀切入工件后，工作台速度逐渐增加到所需的切削速度进行切削工作；在工件切削快要完毕，工件即将离开刨刀前，工作台速度降低，以较低速度离开刨刀；然后工作台速度降为零，同时换向，速度由零逐渐加速到要求的数值，然后降速至零，再换向。

可见工作台的速度是按一定规律变化并循环。工作台的变速、换向等动作是由工作台侧面的挡块压动床身上的行程开关，并通过电气控制系统来实现的。

（2）进给运动

龙门刨床的进给运动由进给箱实现。进给箱共有三个，即两个垂直刀具合用的垂直刀架进给箱、左侧刀架进给箱和右侧刀架进给箱。垂直刀架进给箱可使左右垂直刀架在水平与垂直方向实现自动进给运动或快速调整运动。侧刀架进给箱可使两侧刀架在垂直方向实现自动进给运动或快速调整运动（水平方向只能手动）。为了防止发生由于操作错误而造成的事故，在进给箱内装有离心式摩擦离合器和快速移动与自动进给运动的互锁开关。

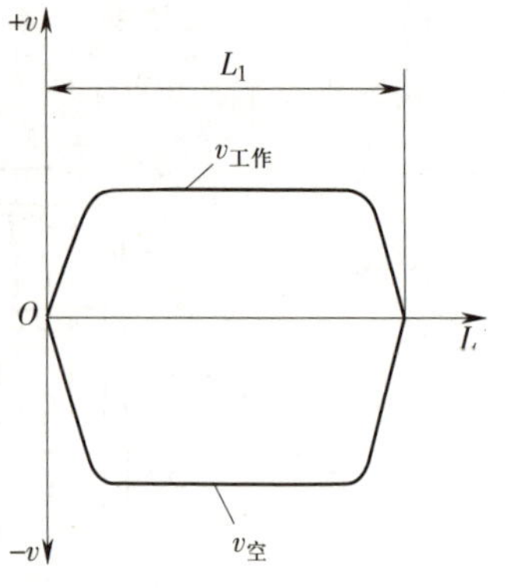

图 5–10　工作台的速度变化示意图

第二节　钻　床

钻床是一种加工内孔的机床，它一般用于加工直径不大且精度要求不高的孔，其主要加工方法是用钻头在实心材料上钻孔，还可在原有孔的基础上进行扩孔、锪孔、铰孔、攻螺纹等加工。在钻床上加工时，工件固定不动，刀具在做主运动旋转的同时做轴向进给运动。钻床的工艺范围如图 5–11 所示。常用的钻床有台式钻床、立式钻床和摇臂钻床等。

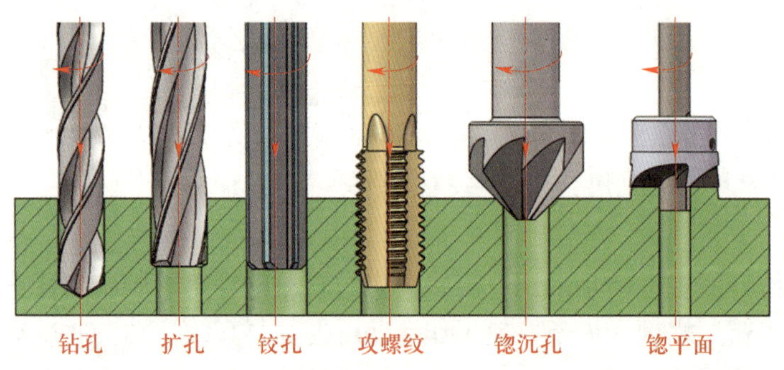

图 5–11　钻床的工艺范围

一、台式钻床

台式钻床简称台钻，是一种可安装在作业台上，主轴竖直布置的小型钻床，适用于在小型工件上钻、扩直径为 12 mm 以下的孔。台钻结构简单，操作方便、灵活，易于维修，应用较为广泛。图 5–12 所示为 Z4112 型台钻。

1. Z4112 型台钻的结构

Z4112 型台钻主要由底座、立柱、工作台、机头、主轴、主轴变速机构、进给机构、电气控制部分等组成。

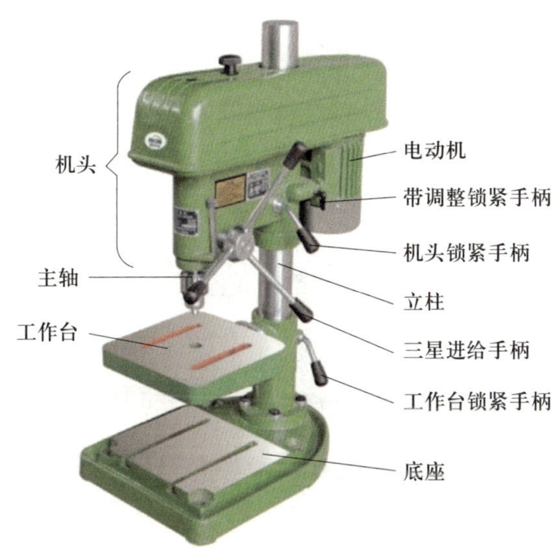

图 5-12 Z4112 型台钻

（1）底座（下工作台）

底座中间有两条 T 形槽，用来固定工件或夹具。

（2）立柱

立柱截面为圆形，用来支承工作台和机头。

（3）工作台

工作台主要用来安放被加工工件，它可沿立柱上下移动，并能绕立柱转动到任意位置，同时工作台自身还可左右倾斜 45°。

（4）机头

机头安装在立柱上，它可沿立柱上下调整所需高度，并能绕立柱转动。在机头下端有一支撑保险环。

（5）主轴

主轴下端制有莫氏锥孔，可安装钻夹头，主要用来安装孔加工刀具及传递转矩。

（6）主轴变速机构

该机构采用的是塔轮变速机构，如图 5-13 所示。通过改变 V 带的位置，可实现五种不同的转速。带传动初拉力的调整靠电动机前后移动来完成。

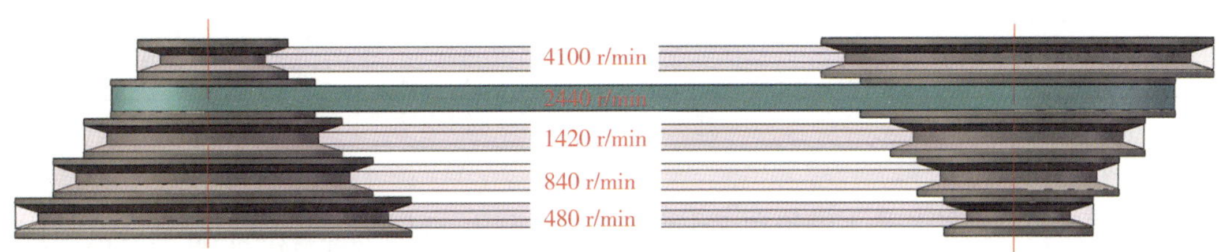

图 5-13 台钻主轴塔轮变速机构

（7）进给机构

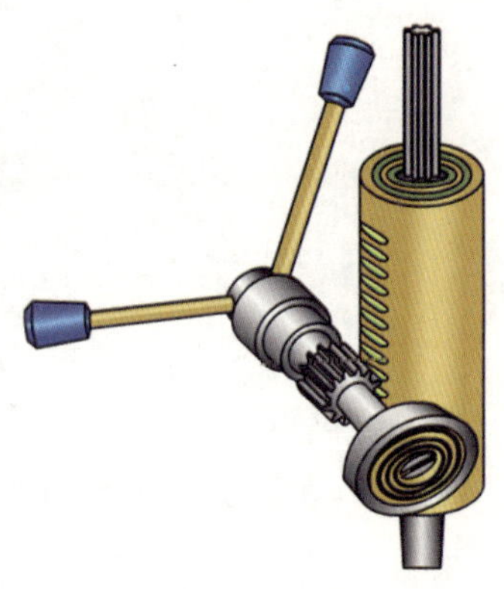

图 5-14　台钻进给机构

台钻通常只有手动进给。图 5-14 所示为台钻进给机构，三星进给手柄带动齿轮轴转动，再由齿轮轴带动与其啮合的主轴套筒产生移动。在主轴套筒下端的侧面装有进给标尺。在齿轮轴的另一端装有弹簧，使主轴自动抬起复位。

（8）电气控制部分

在机头的侧面装有控制开关，可使主轴正转或停车。

2. Z4112 型台钻的传动系统

主运动的传动路线：电动机→主动带轮→V 带→从动带轮→主轴。通过该路线可以实现主轴的旋转运动。

进给运动的传动路线：进给手柄→同轴齿轮→主轴套筒→主轴。通过该路线可以实现主轴的轴向进给运动。

3. Z4112 型台钻的技术参数及规格

Z4112 型台钻的技术参数及规格见表 5-3。

表 5-3　Z4112 型台钻的技术参数及规格

技术参数	规格
最大钻孔直径	ϕ12 mm
立柱直径	ϕ70 mm
主轴最大行程	100 mm
主轴中心线至立柱表面距离	193 mm
主轴端面至工作台最大距离	332 mm
主轴端面至底座最大距离	565 mm
主轴锥度	B16
主轴转速	480 ~ 4 100 r/min
主轴转速级数	5
电动机功率	0.37 kW
工作台面尺寸（长 × 宽）	256 mm × 256 mm
底座工作台面尺寸（长 × 宽）	528 mm × 360 mm
机床总高	1 037 mm

二、立式钻床

立式钻床简称立钻，是主轴箱和工作台安置在立柱上，主轴竖直布置的钻床。其结构较为复杂，可实现自动进给，具有变速方便等特点，并配备了冷却系统，使用范围广。它适用于单件、小批量生产中中小型工件的孔加工。

1. Z525B 型立钻的结构

Z525B 型立钻如图 5–15 所示。Z525B 型立钻主要由底座（下工作台）、立柱、工作台、主轴、主轴变速机构、进给机构、冷却系统、照明部分和电气控制部分等组成。

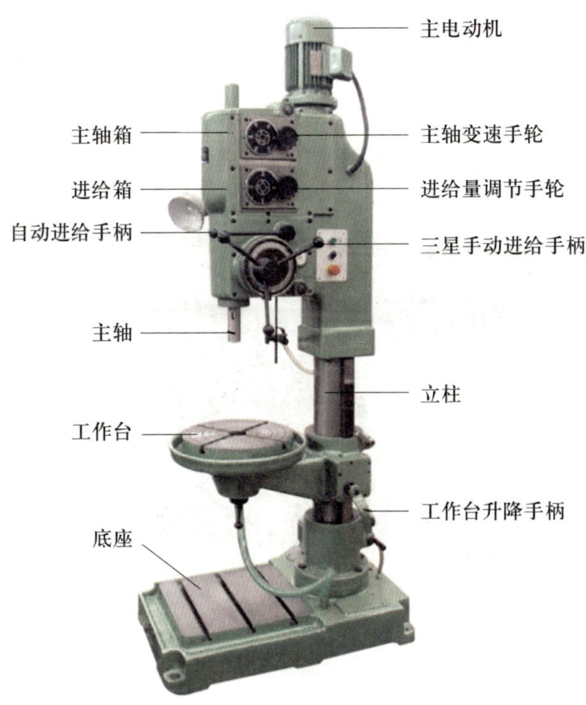

图 5–15　Z525B 型立钻

（1）底座（下工作台）

底座是立钻的基础，也是立钻的冷却箱，较大型工件还可直接放在底座上作面上进行加工。

（2）立柱

Z525B 型立钻的立柱为圆柱形，主要用来支承立钻的零部件。

（3）工作台

工作台为圆形，松开下面的锁紧手柄，工作台能旋转。松开后面的锁紧手柄，工作台可绕立柱转动 ±180°。利用工作台的这两种运动，能使固定在工作台上的工件的任何位置对准主轴的中心，扩大了加工范围。同时，通过转动工作台升降手柄，利用蜗轮蜗杆的自锁功能可使工作台沿立柱停留在所需高度。

（4）主轴

主轴是钻床的重要部件，对其旋转精度要求较高。在主轴的下端有内锥孔，以便于安装刀具或辅具。主轴的质量由弹簧来平衡，可使主轴停在任意高度位置。

（5）主轴变速机构

转动主轴变速手轮可以使主轴获得 6 级不同的转速。但变速前必须停车，以免损坏传动链中的零件。

（6）进给机构

图 5–16 所示为 Z525B 型立钻进给机构，该立钻可实现手动和自动进给。采用自动进给时，先将进给量调节手轮转到所需的进给量挡位，再将端盖拉出，压下自动进给手柄，即可实现自动进给。若需要控制钻孔深度，可调节安装在刻度盘上撞块的位置，撞块随刻度盘转动，碰到自动进给手柄座后，使自动进给手柄抬起，自动进给停止。转动三星手动进给手柄还可以随时增大进给量或终止自动进给。

图 5–16　Z525B 型立钻进给机构

（7）冷却系统

切削液由安装在底座上的冷却泵直接供给，切削液可循环使用。

（8）照明部分

照明部分采用 24 V 安全电压。

（9）电气控制部分

该立钻有正转、反转和停止按钮，主轴的正反转是靠改变电动机的转向来实现的。冷却泵由转换开关单独控制。

2. Z525B 型立钻的传动系统

Z525B 型立钻的传动系统包括三个部分，即主轴的旋转（主运动）、主轴的轴向移动（进给运动）和工作台的升降（辅助运动）。Z525B 型立钻的传动系统图如图 5–17 所示。

（1）主运动传动链

由图 5–17 传动系统图可知，主运动传动链的首端件为电动机，末端件为主轴。来自电动机的动力直接经联轴器传给主轴变速箱中的轴 I；经齿轮（Z_{21}、Z_{48}）啮合将运动传给轴Ⅱ；通过轴Ⅱ上的三联滑移齿轮（Z_{28}、Z_{37}、Z_{19}）分别与轴Ⅲ上的齿轮（Z_{38}、Z_{29}、Z_{47}）啮合将运动传给轴Ⅲ，使轴Ⅲ得到 3 级转速；再通过轴Ⅲ上的齿轮（Z_{47}、Z_{18}）分别与轴Ⅳ上的齿轮（Z_{25}、Z_{54}）啮合又将运动传给轴Ⅳ，使Ⅳ得到 6 级转速。轴Ⅳ与主轴为花键连接，因此，主轴可获得 6 级转速。

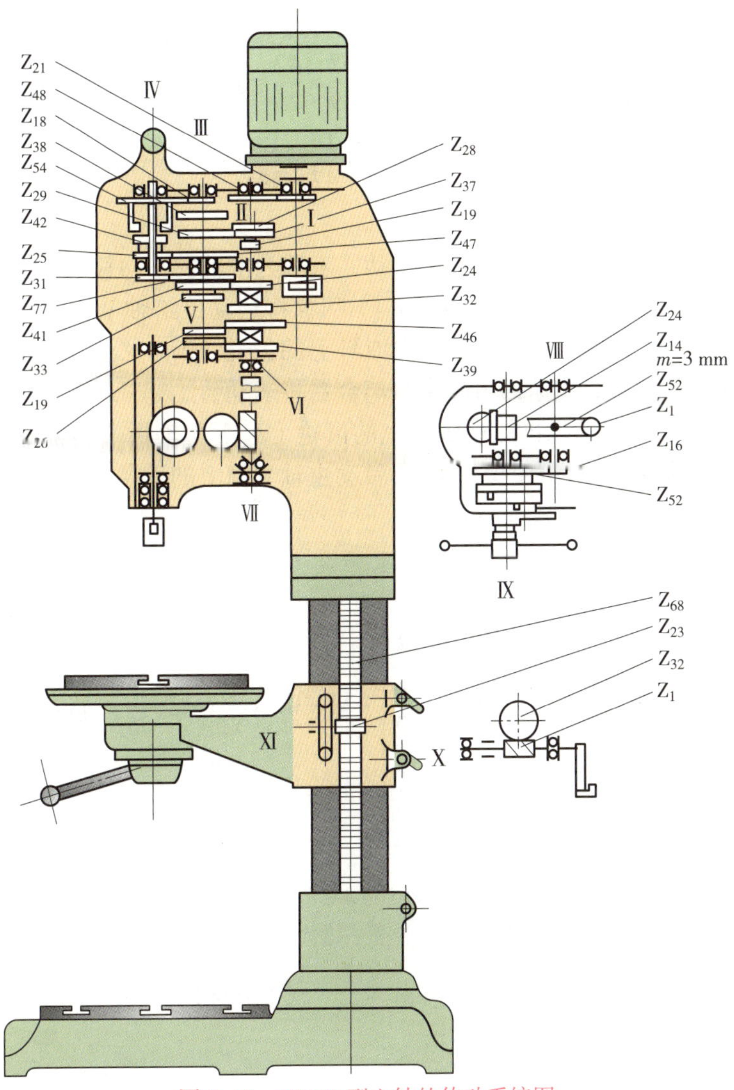

图 5-17　Z525B 型立钻的传动系统图

主运动的传动路线表达式如下：

$$\text{主电动机（1 430 r/min）} - \text{Ⅰ} - \frac{21}{48} - \text{Ⅱ} - \begin{bmatrix} \frac{28}{38} \\ \frac{37}{29} \\ \frac{19}{47} \end{bmatrix} - \text{Ⅲ} - \begin{bmatrix} \frac{47}{25} \\ \frac{18}{54} \end{bmatrix} - \text{Ⅳ} - \text{主轴}$$

根据传动路线表达式，可列出主运动平衡式如下：

$$n_{主轴} = n_{电动机} \times \frac{21}{48} \times u_{变} \tag{5-1}$$

式中　$n_{主轴}$——主轴转速，r/min；

$u_{变}$——交换齿轮传动比。

根据运动平衡式，可求出主轴的最高和最低转速如下：

$$n_{最高}=1\ 430\ \text{r/min}\times\frac{21}{48}\times\frac{37}{29}\times\frac{47}{25}\approx 1\ 500.6\ \text{r/min}$$

$$n_{最低}=1\ 430\ \text{r/min}\times\frac{21}{48}\times\frac{19}{47}\times\frac{18}{54}\approx 84.3\ \text{r/min}$$

（2）进给运动传动链

进给运动传动链的首端为主轴的旋转运动，末端为主轴的轴向移动。主轴的旋转运动通过轴Ⅳ上的齿轮（Z_{31}）与轴Ⅴ上的齿轮（Z_{77}）啮合将运动传给轴Ⅴ；通过轴Ⅴ上的两个双联滑移齿轮（Z_{41} 和 Z_{33}、Z_{19} 和 Z_{26}）分别与轴Ⅵ上的齿轮（Z_{24}、Z_{32}、Z_{46}、Z_{39}）啮合将运动传给轴Ⅵ，使轴Ⅵ得到 4 级转速；再经安全离合器将运动传给蜗杆（Z_1）和轴Ⅶ，由蜗杆带动轴Ⅷ上的蜗轮（Z_{52}）旋转；再通过轴Ⅷ上的齿轮（Z_{16}）与轴Ⅸ上的齿轮（Z_{52}）啮合将运动传给轴Ⅸ；最后通过轴Ⅸ上的齿轮（Z_{14}）带动主轴套筒上的齿条沿轴向移动。

进给运动的传动路线表达式如下：

$$\text{主轴（旋转运动）}-\frac{31}{77}-\text{V}-\begin{bmatrix}\frac{41}{24}\\ \frac{33}{32}\\ \frac{19}{46}\\ \frac{26}{39}\end{bmatrix}-\text{VI}-\text{VII}-\frac{1}{52}-\text{VIII}-\frac{16}{52}-\text{IX}-\pi m\cdot 14$$

（其中 m=3 mm）—齿条—主轴（进给运动）

根据传动路线表达式，列出进给运动平衡式如下：

$$f=1\times\frac{31}{77}\times u_{进给}\times\frac{1}{52}\times\frac{16}{52}\times\pi m\times 14 \tag{5-2}$$

式中　f——主轴进给量，mm/r；

$u_{进给}$——进给交换齿轮传动比。

根据运动平衡式，可求出主轴的最小和最大进给量如下：

$$f_{最小}=\left(1\times\frac{31}{77}\times\frac{19}{46}\times\frac{1}{52}\times\frac{16}{52}\times 3.14\times 3\times 14\right)\text{mm/r}\approx 0.13\ \text{mm/r}$$

$$f_{最大}=\left(1\times\frac{31}{77}\times\frac{41}{24}\times\frac{1}{52}\times\frac{16}{52}\times 3.14\times 3\times 14\right)\text{mm/r}\approx 0.54\ \text{mm/r}$$

（3）辅助运动

立钻的辅助运动主要是指工作台的升降运动。当转动工作台升降手柄，通过轴Ⅹ上的蜗杆（Z_1）与轴Ⅺ上的蜗轮（Z_{32}）啮合，带动与蜗轮同轴的齿轮（Z_{23}）与安装在立柱侧面上的齿条相啮合，从而带动工作台沿立柱做升降运动。

3. Z525B 型立钻的技术参数及规格

Z525B 型立钻的技术参数及规格见表 5–4。

表 5–4　**Z525B 型立钻的技术参数及规格**

技术参数	规格
最大钻孔直径	ϕ25 mm
主轴锥孔	莫氏 3 号
主轴最大行程	200 mm
主轴中心线至立柱表面距离	315 mm
主轴端面至工作台最大距离	415 mm
主轴端面至底座最大距离	965 mm
主轴转速	85 ~ 1 500 r/min
主轴转速级数	6
主轴进给量	0.13 ~ 0.52 mm/r
主轴进给量级数	4
工作台移动行程	385 mm
工作台面直径	ϕ400 mm
底座工作台面尺寸（长 × 宽）	440 mm × 500 mm
主电动机功率	1.5 kW
冷却泵电动机功率及流量	0.125 kW，22 L/min
机床外形尺寸（长 × 宽 × 高）	1 050 mm × 730 mm × 2 300 mm

三、摇臂钻床

摇臂钻床简称摇臂钻，其摇臂可绕立柱回转和升降，通常主轴箱在摇臂上做水平移动。它是钳工常用的一种较大型的钻削加工设备，内部结构复杂。目前，大部分摇臂钻将机械、液压和电气控制融为一体，自动化程度较高。摇臂钻适用于在中大型工件上进行钻孔、扩孔、铰孔、锪平面和攻螺纹等操作，在有工艺装备的条件下，还可以进行镗孔，用途广泛。

1. Z3050 × 16（Ⅰ）型摇臂钻的特点

图 5–18 所示为 Z3050 × 16（Ⅰ）型摇臂钻。

（1）使用范围广，通用化程度较高。

（2）采用液压预选变速机构，可节省辅助时间。

（3）主轴正转、停车（制动）、变速、空挡等动作，用一个手柄控制，操纵轻便。

（4）主轴箱、摇臂、内外柱采用液压驱动的菱形块夹紧机构，夹紧可靠。

（5）有完善、可靠的安全保护装置。

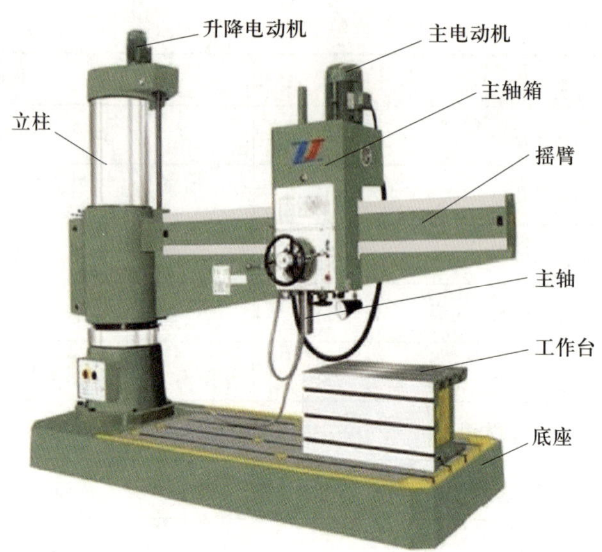

图 5-18　Z3050×16（Ⅰ）型摇臂钻

2. Z3050×16（Ⅰ）型摇臂钻的传动系统

Z3050×16（Ⅰ）型摇臂钻的传动系统包括主轴回转、主轴进给、摇臂升降和主轴箱在摇臂上的移动，如图 5-19 所示。

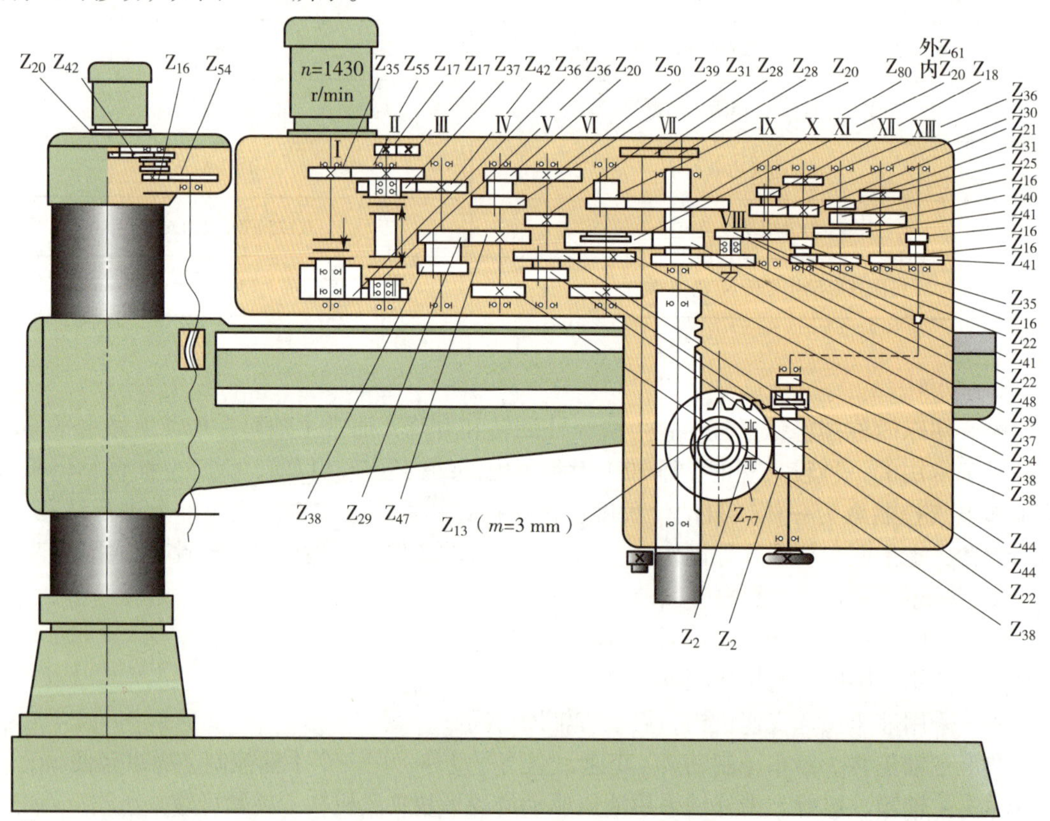

图 5-19　Z3050 型摇臂钻传动系统图

（1）主运动的传动路线表达式

$$\text{电动机（1 430 r/min）}-\mathrm{I}-\frac{35}{55}-\mathrm{II}-\frac{37}{42}-\mathrm{III}-\begin{bmatrix}\frac{38}{38}\\\frac{29}{47}\end{bmatrix}-\mathrm{IV}-\begin{bmatrix}\frac{39}{31}\\\frac{20}{50}\end{bmatrix}-$$

$$\mathrm{V}-\begin{bmatrix}\frac{44}{34}\\\frac{22}{44}\end{bmatrix}-\mathrm{VI}-\begin{bmatrix}\frac{61}{39}\\\frac{20}{80}\end{bmatrix}-\mathrm{VII}-\text{主轴}$$

（2）进给运动的传动路线表达式

$$\text{主轴（回转运动）}-\frac{37}{48}-\mathrm{VIII}-\frac{22}{41}-\mathrm{IX}-\begin{bmatrix}\frac{30}{24}\\\frac{18}{36}\end{bmatrix}-\mathrm{X}-\begin{bmatrix}\frac{22}{35}\\\frac{16}{41}\end{bmatrix}-\mathrm{XI}-\begin{bmatrix}\frac{31}{25}\\\frac{16}{40}\end{bmatrix}-$$

$$\mathrm{XII}-\begin{bmatrix}\frac{40}{16}\\\frac{16}{41}\end{bmatrix}-\mathrm{XIII}-\frac{2}{77}-\pi m\cdot 13\text{（其中 }m=3\text{ mm）—齿条—主轴（进给运动）}$$

3. Z3050×16（Ⅰ）型摇臂钻的技术参数及规格

Z3050×16（Ⅰ）型摇臂钻的技术参数及规格见表 5-5。

表 5-5 Z3050×16（Ⅰ）型摇臂钻的技术参数及规格

技术参数	规格
最大钻孔直径	ϕ50 mm
主轴锥孔	莫氏 5 号
主轴最大行程	315 mm
主轴中心线至立柱母线距离	最大 1 600 mm，最小 350 mm
主轴端面至底座工作面距离	最大 1 220 mm，最小 320 mm
主轴箱水平移动距离	1 250 mm
摇臂升降距离	580 mm
摇臂升降速度	1.2 m/min
摇臂回转角度	±180°
主轴转速	25～2 000 r/min
主轴转速级数	16

续表

技术参数	规格
主轴进给量	0.04 ~ 3.2 mm/r
主轴进给量级数	16
刻度盘每转钻孔深度	122 mm
立柱外径	350 mm
主轴允许最大扭矩	500 N · m
主轴允许最大进给抗力	18 kN
主电动机功率	4 kW
摇臂升降电动机功率	1.5 kW
液压夹紧电动机功率	0.75 kW
冷却泵电动机功率	0.125 kW
机床外形尺寸（长 × 宽 × 高）	2 500 mm × 1 040 mm × 2 840 mm
机床总质量	3 600 kg